建 築 概 論

（增訂版）

郭呈周 焦志鵬 著

前 言

　　《建築概論》是建設行業建築設備類專業的基礎課程之一。其主要任務是使學生熟悉各種建築構配件的名稱、作用,熟悉房屋建築一般的構造做法,領會建築構造原理,了解主要建築材料的性能和用途,并着重掌握建築施工圖的識讀方法,能夠熟練地閱讀建築施工圖,了解本專業與土建專業的關系,以便在以后的工作中相互協調配合。

　　本書是在原《建築概論》基礎上,參照國家現行最新的規範、規程、標準等編寫而成的。一些新材料、新技術的運用,也迫切要求對原教材進行重新編寫。本書可作爲建築設備類專業的高職、中職教材或自學用書,也可作爲上述專業技術人員的參考書。

　　本書共分爲建築施工圖識讀、建築構造和建築材料簡介二大部分。建築施工圖識讀部分深入淺出、易懂易學,旨在解決設備類專業技術人員閱讀建築施工圖問題。建築構造部分以建造量大的民用建築構造爲主,考慮到我國幅員遼闊,不同氣候地區都有自己的特點以及成熟的經驗做法,在編寫過程中,力求做到取材恰當、南北兼顧、内容精簡、目的性強、深入淺出、圖文并茂;結合專業特點,以介紹性、叙述性、增加學生知識面爲宗旨,去掉了過多的構造要求,使學習過程變得輕松愉快。建築材料部分簡單介紹了常見的建築材料最基本的特性和用途,没有過多的實驗,更適合設備類專業的學生及技術人員的學習與參考。

　　本書由河南工業大學土木建築學院郭呈周副教授和河南匠人國際建築規劃設計顧問有限公司焦志鵬高級工程師主編,河南工業大學土木建築學院牛淑杰、吳强高級工程師和河南建築職業技術學院梅楊講師參編。編寫分工如下:緒論、第 1 章、第 2 章、第 3 章、第 6 章、第 7 章由焦志鵬編寫;第 4 章、第 8 章由牛淑杰編寫;第 5 章、第 9 章由吳强編寫;第 10 章、第 11 章由郭呈周編寫;第 12 章由梅楊編寫;全書由郭呈周修改定稿。

　　由于編者水平所限,時間倉促,書中不妥之處在所難免,歡迎使用本書的廣大師生和讀者提出批評和指正,以便再版時修訂或補充。

編　者

目　　錄

緒　論

0.1　本課程的性質、內容、任務和學習方法

《建築概論》課程是供熱通風與空調專業的一門相關課。

本課程的內容主要包括建築施工圖識讀、建築構造以及建築材料三大部分。它的主要任務是使學生熟悉各種建築構配件的名稱、作用,熟悉房屋建築一般的構造做法,領會建築構造原理,了解主要建築材料的性能和用途,着重掌握建築施工圖的識讀方法,能夠熟練地識讀建築施工圖,并了解本專業與土建專業的關系,以便在以后的工作中相互協調配合。

供熱通風與空調工程,也包括其他的安裝工程(給水排水、電氣設備等),與建築專業有着十分密切的關系。隨着科技的進步、人民生活水平的不斷提高,建築的功能也在發展、變化,對供熱通風與空調、給水與排水、電氣設備等設備安裝工程的要求越來越高。安裝工程各專業必須了解建築材料、建築構造以及建築構造原理,了解本專業管道設備與房屋建築各部分(如基礎、墻體、樓地面、梁、門窗等)的關系,領會它們之間什麼情況下會出現矛盾,或對建築構配件產生不利影響,并在此基礎上考慮本專業管道設備如何布置。這些問題最終都集中在建築施工圖的識讀上,集中在我們是否能夠正確閱讀相關的建築施工圖。如果不能正確閱讀建築施工圖,就很難保證本專業與其他專業之間不出現這樣那樣的矛盾和問題,工程建設質量也就很難保證。因此,我們學習建築概論課程的主要目的,從某種意義上講就是學會如何正確識讀建築施工圖。

建築材料是工程建設最基本的物質基礎,沒有建築材料就沒有房屋建築的存在。各種各樣的建築材料以及由建築材料制作的建築構配件等建築制品,按照一定的規律,根據建築物使用方面的需要,通過一定的方法有機地組織到一起,這就是建築構造研究的內容,而那些使用上的需要以及所遵循的規律就是構造原理。

建築概論課程是一門綜合性較強的應用技術課程。它既不像數學課程那樣有很強的系統性和邏輯性;又不像散文詩歌那樣朗朗上口、引人入勝,它的敘述性、介紹性較強。初學者會感到內容缺乏連續性,但實際上它也有自己內在的規律。在內容安排上基本是一章一個新內容,章與章之間沒有必然的聯系。從第 1 章到第 10 章是民用建築部分,也是本教材的重點:其中第 1 章爲民用建築概述;第 2 章爲建築施工圖的識讀,是學習建築概論課程的重中之重;第 3 章到第 10 章爲民用建築構造,是按照房屋建築構造組成的六大部分,自下而上講述的。第 11 章爲工業建築概述;第 12 章是建築材料概述。只要肯下功夫,摸清規律,并堅持理論聯系實際,建築概論其實并不難學。學習時應注意以下幾個方面的問題:

(1)從具體的建築構造方法入手,掌握常用的建築構造方法;

(2)在掌握構造方法的基礎上,領會一般的構造原理;

(3)理論聯系實際,利用課內外時間多看多實踐,在實踐中印證所學知識;

(4)多想、多動手,建立空間感,達到正確閱讀建築施工圖和領會設計意圖的能力;

(5)拓展知識面,了解建築材料、建築技術、建築構造的發展。

0.2　建築的發展史

自地球上有了人類,也就有了人類的建築活動。只不過早期所謂的"建築"是很簡單樸素的,可能只是利用天然洞穴稍加改造,也可能是在樹上用樹枝、樹葉搭建的"窩"。傳説中的"有巢氏"也許就是干闌式建築的創造者。隨着生産力的不斷提高,建築的功能、材料、技術、藝術形式等也變得日益復雜起來。民族、地域、自然條件、文化的不同,逐漸在建築上得到了反映,形成多姿多彩的世界建築文化。

0.2.1　中國的古建築

中國的古建築具有卓越的成就和獨特的風格,在世界建築史上占有重要地位。隨着時間的推移,有些古代文明已經衰退甚至于消失,而中國的建築文化仍然具有獨特的魅力,是值得我們驕傲的珍貴文化遺産。

中國古建築經歷了原始社會、奴隸社會和封建社會三個歷史階段。在原始社會,由于生産力的低下,發展是極其緩慢的,我們的祖先從穴居、巢居開始,經過漫長的探索,逐步掌握營造地面房屋的技術,創造了原始的木屋架建築,滿足了基本的生存需求。到了奴隸社會,大量的奴隸勞動和青銅器工具的使用,使得建築活動有了巨大發展,出現了宏偉的都城、宮殿、宗廟、陵墓等建築類型,夯土墻和木構架建築已初步形成,在宮殿建築上甚至出現了彩繪。到了封建社會,經過長期的發展與衍變,中國古建築逐步形成了自己的風格,成爲成熟的、獨特的建築體系。諸如城市規劃理論,園林、民居、宮殿、壇廟建築,建築空間處理手法,建築藝術與材料、建築藝術與技術相結合等方面,都有獨特的創造性。

戰國時期的《周禮·考工記》就有關于都城制度的記載:"匠人營國,方九里,旁三門,國中九經九緯,經涂九軌,左祖右社,面朝后市"。這段話一般解釋爲:都城九里見方,每邊開辟三座城門,縱橫各九條道路,南北方向的道路寬度達九條車軌,東面爲祖廟,西面爲社稷壇,前面是朝廷宮殿,后面是市場和居民區。可見在城市建設方面,其型制建設是具有相當的規範性的。著名的都城有:漢長安(公元前 202 年建)、北魏洛陽(公元 493 年建)、隋大興(公元 583 年建,唐朝稱長安城)、隋唐洛陽(公元 605 年建)、元大都(公元 1267 年建)、明南京(公元 1366 年建)、明清北京(公元 1421~1553 年建),在中國古代建築史上都占有重要地位。

北京的明清故宮是宮殿建築的杰出代表。從高大雄偉的天安門(皇宮紫禁城的城門)開始,經端門、午門、太和門,方到達外朝的精華所在——三大殿建築(太和殿、中和殿、保和殿),再往后是后廷的生活區建築群,一直到神武門結束,整個紫禁城金碧輝煌,鱗次櫛比,蔚爲壯觀,無論建築單體還是建築群組合都具有很高的藝術價值。

　　我國幅員遼闊,民族衆多,地理位置、氣候等自然環境差别很大,形成各地的民居形式也多種多樣,异彩紛呈。比如北京的四合院、閩南的土樓、雲南的一顆印住宅等等,都有各自鮮明的個性特徵。

　　在明清時期,江南一帶出現了一大批著名的私家園林建築,造園理論也得到了很好的發展。像無錫的寄暢園,蘇州的留園、拙政園、獅子林,上海的豫園等等,都是傳統園林建築的典範。再加上北京的頤和園、圓明園、承德的避暑山莊等規模宏大的皇家園林,其造園手法及其理論都具有很高的藝術價值,至今仍然值得學習和借鑒。

　　總之,我國各時期古建築遍布中華大地,燦若星辰,是我們每個炎黄子孫的驕傲與自豪。

0.2.2　外國的古建築

　　除中國之外,還有其他一些國家同樣具有古老的建築文化。

　　東亞的日本和朝鮮自古就同中國有親密的文化交流,尤其到了我國的唐朝是鼎盛時期。因此,它們的古建築在平面布局、結構形式、造型以及細部裝飾上,都保留着較爲濃鬱的中國唐代建築的風格特點。

　　印度次大陸和東南亞也有獨特的建築成就,大多數國家受印度文化的影響很深,婆羅門教、佛教、伊斯蘭教等宗教建築都曾産生過一些杰出的建築物,隨着印度佛教傳入中國,中國的佛塔也是受印度文化影響的産物。

　　古埃及的金字塔、中美洲瑪雅人的建築、西亞伊斯蘭國家的建築等等,各文明古國的傳統建築在世界建築史上都留下了輝煌的一筆。最值得一提的應當是古希臘和古羅馬的建築,它們的建築成就如此之巨大,對西方國家的建築文化的影響如此之久遠,是其他建築體系所不及,這也就奠定了古希臘和古羅馬建築的歷史地位。

　　古希臘泛指公元前 8 世紀起,在巴爾干半島、小亞細亞和愛琴海的島嶼上建立的很多小奴隸制國家,也包括它們向外移民又在意大利、西西里和黑海沿岸建立的許多國家。古希臘有相對較爲先進的政治制度,是歐洲文化的搖籃。古希臘的建築是西歐建築的開拓者。它的一些建築型制、石梁石柱結構構件及其組合的藝術形式,建築物和建築群設計的藝術原則,深深地影響着歐洲兩千多年的建築史。恩格斯這樣評價希臘人:"他們無所不包的才能與活動,給他們保證了在人類發展史上爲其他任何民族所不能企求的地位"(《馬克思恩格斯選集》,三卷)。馬克思評價古希臘的藝術和史詩時,除了至今仍然能够給我們藝術享受外,"而且就某方面來説還是一種規範和高不可及的範本"(《馬克思恩格斯選集》,三卷)。大多用在廟宇上的建築物四周的圍廊,它的柱子、額枋和檐部逐漸發展、改進,在形式、比例等方面有了成套的做法,形成一種定制,后來的羅馬人稱之爲"柱式"(Ordo)。柱式有兩種:流行于小亞細亞先進共和城邦里的愛奧尼柱式(Ionic)和意大利西西里一帶寡頭制城邦里的多立克柱式(Doric)。后來在歐洲建築中廣泛使用,也是我們現在所説的"歐式建築"不可或缺的構件。雅典衛城建築群是古希臘最具有代表性的典範之作。

　　古羅馬直接繼承了古希臘晚期的建築成就,并大大地向前推動了一步。建築鼎盛時期是公元 1 ～ 3 世紀,重大建築活動遍布帝國各地,創造了一大批流芳百世的建築。拱券技術是古羅馬的光輝成就,它把墙體解放出來,使大空間建築成爲可能,像運用環行拱和放射拱技術的劇場、角斗場遍布各城,拱券加穹頂技術的萬神廟是古羅馬穹頂技術的最高代表,它的穹頂直徑達到43.3米。古羅馬人發展并定型了柱式,建築理論著作也十分繁榮,流傳至今的《建築十書》具有很高的學術價值。

在這之后歐洲進入了漫長的中世紀,歐洲的中世紀指自羅馬帝國以后直到14～15世紀資本主義萌芽出現以前的這段時期。其建築成就主要集中在宗教建築上,君士坦丁堡的聖索菲亞大教堂是拜占庭建築的代表,而以法國爲中心的哥特式建築是西歐建築的主要成就。意大利出現資本主義萌芽后,思想文化領域開始了文藝復興運動,建築也隨之進入一個嶄新的階段。此時的意大利領導着歐洲建築的新潮流,衆星璀璨,繁花似錦,造就了一大批不朽的建築和學識淵博的建築師。當時的建築理論也十分活躍,所謂的"復興"也就是古希臘古羅馬的復興,他們的創作靈感和範本,正是古希臘和古羅馬的建築及其理論。17世紀文藝復興后的意大利,建築現象十分復雜,后人的評價也是毀譽均有,被稱作"巴洛克"式建築,炫耀財富,追求財富,趨向自然,常常玩弄曲綫、曲面,建築創作走向了矯揉造作。一般認爲文藝復興之後法國的古典主義代表了歐洲建築的主流,典範之作是魯佛爾宮和凡爾賽宮,之后出現了"洛可可"(主要表現在室內裝飾上)。

18世紀60年代到19世紀末,在歐美建築創作中又流行着一種復古思潮,如古典復興(以區別于文藝復興)、浪漫主義與折中主義。它們極力推崇古希臘藝術的優美典雅,古羅馬藝術的雄偉壯麗,許多人攻擊巴洛克與洛可可的繁瑣和造作,認爲古希臘、古羅馬的建築才是新時代建築的基礎。美國的國會大厦、巴黎的星形廣場凱旋門就是古典復興的作品。

經過多方面和諸多流派的積極探索,世界建築史進入了現代建築時代。

0.2.3　現代建築

工業革命以后,新材料、新技術、新的施工工藝逐漸在建築領域得到運用,尤其鋼材、混凝土、玻璃的運用,建築創作的自由度也大大提高,復古的建築形式已經與現代的建築材料、新的結構類型產生了矛盾,鋼筋混凝土結構或鋼結構的建築物外是石材的古典柱子,形式與内容是不一致的。于是,新建築運動脱穎而出,成爲主流,他們注重建築的功能,注意發揮新型建築材料和建築結構的性能特點,充分考慮建築的經濟性,主張創造新的建築風格,認爲建築空間比平面和立面更重要,廢弃表面的外加裝飾,認爲建築美的基礎是建築處理的合理性與邏輯性。這些觀點一般稱爲建築中的"功能主義"(Functionalism),或"理性主義"(Rationalism),或"現代主義"(Modernism)。現代建築派的代表人物有德國的格羅皮烏斯、密斯·凡·德·羅(二戰后去了美國)、法國的勒·柯布西耶、美國的賴特等。

應該説在當時的歷史條件下,現代主義的觀點是正確的,但隨之而來的是摒弃裝飾的"火柴盒"式建築到處泛濫,建築没有地域、没有民族、没有文化、没有國家的差别,被戲稱爲"國際式"建築,前些年我國的建築也應屬于這一類。

現代建築逐漸步入了困境,出現其他一些建築流派也成爲一種歷史必然。今天,世界建築已經呈現一種百花齊放的態勢,這也正是建築文化的需要。隨着科技的進步,更先進的建築材料、結構類型、施工工藝的運用,建築業也必將迎來一個又一個春天。

我們必須面對這樣一個現實,盡管我國有着輝煌的古建築文明,在世界建築史上有着及其重要的地位,但是,由于種種歷史原因,自現代建築以來的建築業確實是落后于西方國家的。雖然改革開放以來,我國各行各業的發展是巨大的,建築業的發展速度同樣也是空前的,但今天這種差距仍然存在。如何趕上并超過先進國家,使我們的建築事業創造新的輝煌,是落在我們每個人肩上的歷史重任。

復習思考題

1. 建築概論課程的内容和任務是什么?
2. 如何學習建築概論課程?
3. 我國的古建築在哪些方面有非常獨特的成就?
4. 對歐洲國家影響最大的古老文明是哪些古代文明?
5. 如何面對當前的建築形勢?

第1章 民用建築概述

建築按使用性質分爲工業建築、民用建築和農業建築。

工業建築指供人們從事各類工業生產的建築物。包括生產用房、輔助用房、動力用房、庫房等。本教材的第11章簡單介紹了單層工業廠房建築。

民用建築指供人們居住、生活、工作和從事文化、商業、醫療、交通等公共活動的建築物。民用建築的範疇較廣,建造量大,可以説,在城市里除了工業建築以外,所有建築都是民用建築。本教材主要以講述民用建築爲主。

民用建築包括兩大類:一是居住建築,指供人們居住、生活的建築,包括住宅、宿舍和公寓等;二是公共建築,公共建築包括辦公類建築、教育科研類建築(學校建築和科研建築)、文化娛樂類建築、體育類建築、商業服務類建築、旅館類建築、醫療福利類建築、交通類建築、郵電類建築、司法類建築、紀念類建築、園林類建築、市政公用設施類建築以及綜合性建築(兼有以上兩種或兩種以上的功能)等十四類。

農業建築是指供人們從事農牧業生產(如種植、養殖、畜牧、貯存等)的建築,如畜舍、温室、塑料薄膜大棚等。農業建築的結構和構造都比較簡單,一般不作爲研究的範疇,因此又有"工業與民用建築"的説法。

1.1 民用建築的分類與等級

1.1.1 民用建築的分類

1.按主要承重結構的材料分

(1)生土－木結構

以土坯、板柱等生土墻和木屋架作爲主要承重結構的建築,稱爲生土－木結構建築。這種結構類型的造價低,但耐久性差。農村現在也很少采用。

(2)磚木結構

以磚墻(或磚柱)、木屋架作爲主要承重結構的建築,稱爲磚木結構建築。這種結構類型與生土－木結構相比,耐久性要好些,造價也不太高,多用于次要建築、臨時建築。

(3)磚混結構

以磚墻(或柱)、鋼筋混凝土樓板和屋頂作爲主要承重結構的建築,稱爲磚混結構建築(即磚－鋼筋混凝土結構)。目前采用較多,但普通黏土磚這種砌體材料,浪費大量能源和耕地,急需淘汰。有些城市已開始禁止使用普通黏土磚,可以用各種砌塊及空心磚替代普通黏土磚。

(4)鋼筋混凝土結構

主要承重構件全部采用鋼筋混凝土材料的建築,稱爲鋼筋混凝土結構建築。室内空間可以較大,層數也可以較高,適用于大型公共建築、高層建築以及大跨度工業建築,是目前采用得較多的一種結構形式。

(5)鋼結構

主要承重構件全部采用鋼材制作的建築,稱爲鋼結構建築。它有自重輕、受力好等優點,多用于超高層建築、大跨度并有振動荷載的工業廠房。

2.按承重結構的承重方式分

(1)墙承重式

竪向承重構件全部用墙體來承受樓板和屋頂等傳來的荷載,稱爲墙承重式建築。生土–木結構、磚木結構、磚混結構以及鋼筋混凝土剪力墙結構都屬于這一類結構形式。

(2)骨架承重式

用梁與柱組成的骨架來承受全部荷載的建築稱爲骨架式建築。骨架可以是鋼筋混凝土或鋼,由于這種結構的墙體不承重,内部空間劃分靈活,可用于大空間建築、高層建築以及荷載大的建築。

(3)内骨架承重式

内部用梁柱、四周用墙體承重的建築稱爲内骨架承重式建築。利用外墙承重可以節省建築物外圍的承重骨架,但内外受力不一致,現在采用得較少。

(4)空間結構承重式

用空間結構承受荷載的建築稱爲空間結構承重式建築。這類建築一般是室内空間要求較大而又不允許設柱子,比如體育館類建築,它的屋蓋就可以采用網架、懸索、殼體等空間結構的形式。

3.按規模和數量分

(1)大量性建築

大量性建築指建造數量較多的居住建築和中小型公共建築。

(2)大型性建築

大型性建築指建造數量少但體量大的公共建築,如體育館、航空港、火車站等。

除此之外,《高層民用建築設計防火規範》GB 50045—95(2005 年版)中,關于高層建築有如下規定:住宅十層及十層以上、公共建築 24 m 以上即是高層建築。《住宅設計規範》GB 50096—1999(2003 年版)中規定,住宅按層數劃分有低層(1~3 層)、多層(4~6 層)、中高層(7~9 層)、高層(10 層及以上)之分。可見,分類方法不同,民用建築的種類也多種多樣。

1.1.2 民用建築的等級

1.民用建築按重要性分爲五等

房屋建築等級見表 1.1。

表 1.1　房屋建築等級

等級	適用範圍	建　築　類　別　舉　例
特等	具有重大紀念性、歷史性、國際性和國家級的各類建築	國家級建築:如國賓館、國家大劇院、大會堂、紀念堂;國家美術、博物、圖書館;國家級科研中心、體育、醫療建築等 國際性建築:如重點國際科教文、旅游貿易、福利衛生建築;大型國際航空港等
甲等	高級居住建築和公共建築	高等住宅;高級科研人員單身宿舍;高級旅館;部、委、省、軍級辦公樓;國家重點科教建築;省、市、自治區重點文娛集會建築、博覽建築、體育建築、外事托幼建築、醫療建築、交通郵電類建築、商業類建築等
乙等	中級居住建築和公共建築	中級住宅;中級單身宿舍;高等院校與科研單位的科教建築;省、市、自治區級旅館;地、師級辦公樓;省、市、自治區一級文娛集會建築、博覽建築、體育建築、福利衛生建築、交通郵電類建築、商業類建築及其他公共建築等
丙等	一般居住建築和公共建築	一般職工住宅;一般職工單身宿舍;學生宿舍;一般旅館;行政企事業單位辦公樓;中學及小學科教建築;文娛集會建築、博覽建築、體育建築、縣級福利衛生類建築、交通郵電類建築、商業類建築及其他公共建築等
丁等	低標準的居住和公共建築	防火等級爲四級的各類民用建築,包括住宅建築、宿舍建築、旅館建築、辦公樓建築、教科文類建築、福利衛生類建築、商業類建築及其他公共建築等

2.民用建築按防火性能和耐火極限分爲四級

火灾會對人民的生命和財產安全構成極大的威脅,建築設計、建築構造等方面必須有足够的重視,我國的防火設計規範是采用防消結合的辦法,相關的防火規範主要有:《建築設計防火規範》GB 50016—2006 和《高層民用建築設計防火規範》GB 50045—95(2005 年版)。

燃燒性能指組成建築物的主要構件在明火作用下,燃燒與否以及燃燒的難易程度。按燃燒性能建築構件分爲不燃燒體(用不燃燒材料制成)、難燃燒體(用難燃燒材料制成或帶有不燃燒材料保護層的燃燒材料制成)和燃燒體(用燃燒材料制成)。

耐火極限是指建築構件遇火后能够支持的時間。對任一構件進行耐火試驗,從受到火的作用起,到失去支持能力、或完整性被破壞、或失去隔火作用,達到這三條任何一條時爲止的這段時間,用小時表示,就是這個構件的耐火極限。

組成各類建築物的主要結構構件的燃燒性能和耐火極限不同,建築物的耐火極限和耐火等級也不同。對建築物的防火疏散、消防設施的限制也不同。建築物的耐火等級根據它的主要結構構件的燃燒性能和耐火極限,劃分爲一、二、三、四 4 個耐火等級。

3.民用建築按耐久年限分爲四級

根據建築主體結構的耐久年限分以下四級:

(1)一級耐久年限,100 年以上,適用于重要的建築和高層建築。

(2)二級耐久年限,50～100 年,適用于一般性建築。

此处实际上段落编号为9

(3)三級耐久年限,25~50年,適用于次要建築。

(4)四級耐久年限,15年以下,適用于臨時建築。

1.2　民用建築的構造組成

　　一般的民用房屋主要由基礎、墻或柱子、樓地層、樓梯、屋頂、門窗等幾部分組成。圖
1.1是一民用建築的剖視圖。

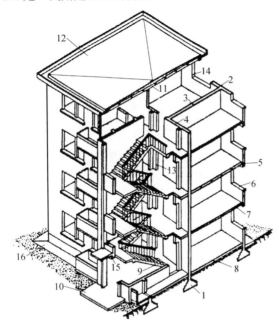

圖1.1　民用建築的構造組成

1—基礎;2—外墻;3—内橫墻;4—内縱墻;5—過梁;6—窗臺;7—樓板;8—地面;
9—樓梯;10—臺階;11—屋面板;12—屋面;13—門;14—窗;15—雨篷;16—散水

　　1.基礎

　　基礎是建築物埋在地下的放大部分。基礎最終承受建築物所有的荷載并把這些荷載
傳給地基土,因此基礎是建築物的重要組成部分,應該堅固、穩定、耐地下水及所含化學物
質的侵蝕、經得起冰凍。

　　2.墻與柱

　　墻(或柱子)是建築物的垂直承重構件,承受樓板層和屋頂傳來的荷載并傳給基礎。
建築物的外墻同時也是圍護結構,阻隔雨水、風雪、寒暑等自然現象對室内的影響;内墻把
室内空間分隔成不同的房間,避免相互干擾,這是墻體的分隔作用。

　　墻與柱應該堅固、穩定。墻還應能够保温(隔熱)、隔聲、防水等。

　　3.樓板層

　　樓板層是建築物的水平承重構件,承受樓面荷載并傳給墻或柱子,包括樓板、地面和

頂棚三部分。除承重外,樓板在垂直方向上把建築空間分成若干層,起到分隔空間的作用;同時,樓板對墙體的穩定性也起到支撐作用。

樓板層應具有一定的強度和剛度,并應耐磨、隔聲。

4.樓梯

樓梯是建築物聯系上下各層的垂直交通設施。除了平時供人們上下樓使用外,在地震、火災等緊急狀態,供人們緊急疏散。因此,建築物的高度不同,對疏散要求不同,樓梯的防火等級、防火性能以及與之相適應的構造處理也不同。

樓梯應堅固、安全、有足够的通行能力、坡度要合適。

5.屋頂

屋頂是建築物頂部的承重和圍護結構,由屋面、承重結構和保溫(隔熱)層三部分組成。屋面的作用是阻隔雨水、風雪對室内的影響,并將雨水順利排除。承重結構則承受屋蓋的全部荷載并傳給墙或柱子。保溫(隔熱)層的作用是防止冬季室内熱量的散失(夏季太陽輻射熱進入室内),使室内有一個相對穩定的熱環境。

屋頂應能防水、排水、保溫、隔熱,它的承重結構應有足够的強度和剛度。

6.門與窗

門是供人和家具設備進出建築物及其房間的建築配件。緊急狀態要經過門進行緊急疏散,同時,還兼有采光和通風的作用。門應堅固、隔聲,并有足够的寬度和高度。

窗的作用是采光、通風、供人眺望。窗應有合適的、足够的面積。

外墙上的門窗還應防水、防風沙、保溫、隔熱。

建築物除以上六大部分構造組成外,還有其他一些配件和設施,如雨篷、散水、通風道、烟道、垃圾道、壁櫃、壁龕等,也是建築物必不可少的組成部分。

1.3　建築的標準化與模數協調

1.3.1　建築工業化與標準化

爲了適應經濟建設的需要,加快工程項目的建設周期,實現建築業的工業化,就必須改變傳統的分散式、手工式的生產方式,用集中的、大工業的生產方式進行生產。建築工業化包括三個方面的内容:建築設計的標準化、構配件生產的工廠化、建築施工的機械化。再加上"秦磚漢瓦"式墙體的改革,稱爲"三化一改"。像大板建築、滑模施工、升板建築、砌塊建築、盒子建築等形式,在一定程度上提高了施工速度,是建築工業化的有益探索,要達到真正意義上的建築工業化,顯然這些還很不够,需要進一步探討、革新。

建築設計的標準化是建築工業化的前提,建築標準化包括兩個方面:一是建築設計的標準問題,也就是制定各種各樣的建築法規、規範、標準、定額與指標,使建築設計有標準可依;二是建築的標準設計問題,也就是根據上述各項設計標準,而設計出通用的建築構件、配件、單元甚至標準房屋,以供選用。

1.3.2　建築模數協調

要達到設計的標準化,實現建築工業化,就必須使建築構配件、組合件具有較大的通用性和互換性。也就是説,建築物各部分的尺寸統一協調是建築工業化的基礎。爲此,我國制訂了《建築模數協調統一標準》GBJ 2—1986,規定了模數和模數協調原則。

1.建築模數

(1)基本模數和導出模數

基本模數是建築模數協調中所選用的基本尺寸單位。基本模數的數值爲 100 mm,用 M 表示,即 1 M = 100 mm。

導出模數分爲擴大模數和分模數。

擴大模數是基本模數的整數倍,基數有 3 M、6 M、12 M、15 M、30 M、60 M,相應的尺寸爲 300 mm、600 mm、1 200 mm、1 500 mm、3 000 mm、6 000 mm;分模數是整數除基本模數的數值,基數有 1/10 M、1/5 M、1/2 M,相應的尺寸爲 10 mm、20 mm、50 mm。

(2)模數數列及其適用範圍

模數數列是以選定的模數基數爲基礎而展開的數值系統,以確保不同類型的建築物及其各組成部分間的尺寸統一協調。如 3 M 數列有:300 mm、600 mm、900 mm、1 200 mm、1 500 mm。

不同的數列的適用範圍不同,如分模數主要用于縫隙、構造節點、構配件截面等處,擴大模數主要用于開間與進深、柱距與跨度等較大尺寸的協調。在模數協調標準中規定了各種模數數列的適用範圍。

2.模數協調

建築模數協調,主要是建築物及其構配件與組合件以及建築物裝備之間和它們自身的模數尺寸協調。其中定位是協調的基礎之一,建築中是把建築放在模數化的空間網格中,運用定位綫和定位軸綫進行定位的。

復習思考題

1.建築按使用性質分爲哪幾類? 其中民用建築分爲哪些類型?

2.民用建築按主要結構的承重材料分爲哪幾類?

3.民用建築按承重方式分爲哪幾類?

4.民用建築的級別都有哪些分法?

5.什么是建築的耐火極限? 什么是燃燒性能? 建築有幾個耐火等級?

6.房屋有哪些主要組成部分? 各部分的作用是什么?

7.什么是建築工業化?

8.什么是模數? 什么是基本模數? 什么是分模數和擴大模數?

第 2 章　建築施工圖識讀

建築工程的施工圖紙,包括土建部分和建築設備兩大部分。其中土建部分指建築和結構兩個專業的施工圖。設備部分則包含給排水、采暖通風與空調、電氣等幾個專業的施工圖。

建築專業是其他專業的前提,建築施工圖是掌握其他專業施工圖的基礎。

建築設備專業學習建築概論的主要目的,就是要學會如何閱讀建築施工圖,在此基礎上了解并領會一些常用的建築構造做法及構造原理,促進本專業課程的理解與學習。因此,學習識讀建築施工圖是很重要的,是本專業工作得以順利進行的基本保證。

2.1　定位軸綫與建築施工圖

2.1.1　定位軸綫

建築的定位軸綫是建築施工圖的一個重要內容。建築的結構和構件的位置定位及其確定尺寸,都需要通過定位軸綫來完成,建築施工放綫更離不開定位軸綫。

盡管定位軸綫只是爲方便制圖與識圖,并在施工時便于定位各種構件的一種輔助綫,它本身并沒有多大實際意義,但是定位軸綫的作用却是不容忽視的。認識定位軸綫及其所起的作用,對建築施工圖的識讀是很重要的。

所謂定位軸綫,就是指確定建築物結構或構件的位置及其標志尺寸的基綫,是施工放綫的依據。

第 1 章介紹了模數以及模數協調,對于定位軸綫來說,它的間距就必須符合模數數列的有關規定。一般情況下,定位軸綫的間距應符合擴大模數 3 M(即 300 mm) 的模數數列。建築構配件的位置以及尺寸,就是通過它們與定位軸綫間的關系來定位的。

普通建築物的房間,平面形狀以矩形居多,房間在平面上沿着縱橫兩個方向展開,組合成一個建築物。建築物的各種構配件也自然有縱橫兩個方向。比如,竪向承重構件的墻體有縱橫兩個方向;水平承重構件的梁板也是如此。這樣,定位軸綫所形成的網格也是矩形的,由縱向定位軸綫和橫向定位軸綫所形成的網格稱爲軸網(見圖 2.1)。

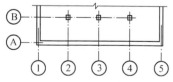

圖 2.1　矩形軸網的縱橫向定位軸綫

縱向定位軸綫間的距離稱爲建築物的進深(或叫做跨度);橫向定位軸綫間的距離稱爲建築物的開間(或叫做柱距)。

水平跨越構件(指樓板、梁等)的標志尺寸,通過看縱橫向定位軸綫間的距離可以得到。比如,一座教室的軸綫尺寸是 9 900 mm×6 600 mm,它是由 3 個 3 300 mm 的開間組成,進深方向 6 600 mm,那么這座教室在 3 個開間內所用樓板的標志長度都是 3 300 mm,中間開間梁的標志長度是 6 600 mm。我們説定位軸綫間的距離應符合模數,也就是房屋的開間(柱距)和進深(跨度)應符合模數,只有這樣建築構件才能標準化,并最終實現建築工業化。

建築制圖中,定位軸綫以點劃綫表示,它的編號寫在正對該定位軸綫的直徑爲 8 ~ 10 mm的圓圈內。橫向定位軸綫的編號用阿拉伯數字自左向右注寫,縱向定位軸綫用大寫拉丁字母自下向上注寫(見圖 2.1)。但"I"、"O"、"Z"三個字母不得使用,以免與阿拉伯數字"1"、"0"、"2"相混淆。對于附加軸綫(一般指次要的定位軸綫)可用分數的表示方

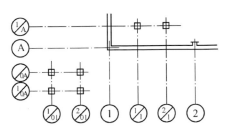

圖 2.2 附加軸綫的表示方法

法來編號:分母表示該軸綫前一定位軸綫的編號,分子表示該分軸綫的編號(見圖 2.2)。1 號軸綫和 A 號軸綫之前的附加軸綫也用分數表示,它們的分母分別用 01、0A 表示。

當建築物的平面較復雜時,標注軸綫也可以采用分區編號的形式。注寫形式爲分區號——該區的軸綫編號(見圖 2.3)。

繪制建築詳圖時,有時同一個詳圖適用于多個地方,那么該詳圖所適用處的定位軸綫就應同時注出。這樣就出現了一條定位軸綫多個編號情況。詳圖定位軸綫的注法如圖 2.4 所示。也有些通用詳圖,由于適用的位置太多,定位軸綫也可采取只畫軸綫圈而不注寫編號的辦法。

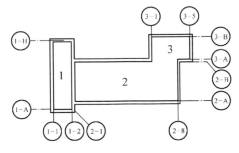

圖 2.3 定位軸綫分區編號

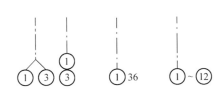

用于兩条軸线 用于三条軸线 用于連续多条軸线

圖 2.4 詳圖軸綫的編號

有的建築物,由于本身造型較復雜,平面形狀多變的原因,無法采用普通的矩形軸網,而只能采用其他形式的異形軸網(圖 2.5)。常見的異形軸網有弧形軸網、環形軸網、平行四邊形軸網、三角形軸網、不規則軸網等。有的建築物是采用兩種或兩種以上的軸網組合在一起。總之,建築平面及造型越不規則、越復雜,定位軸綫所形成的軸網也就越復雜。閲讀建築施工圖時,只要真正理解定位軸綫的含義,再復雜的軸網,再不規則的平面,也是不難識讀的。

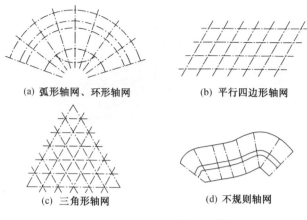

(a) 弧形軸网、环形軸网　　　　(b) 平行四边形軸网

(c) 三角形軸网　　　　(d) 不规则軸网

圖 2.5　軸網的形式

2.1.2　建築施工圖的內容

一套完整的建築施工圖,包括圖紙目錄、設計説明、門窗表、采用標準圖集目錄、總平面圖、各層平面圖、立面圖、剖面圖、大樣詳圖等內容。

圖紙目錄是指整套圖紙的總目錄。其他專業有各自的圖紙目錄,或者圖紙內容較少時,也可以只編寫建築施工圖部分的目錄。

建築設計説明就是以文字及表格的形式對本工程基本情況的介紹,一般包括建築特點、設計依據、平面形式、位置、層數、建築面積、結構類型、構造做法(包括内外裝修、屋面、樓梯、散水、踏步、門窗、油漆等)以及施工要求等內容。設計説明的內容,多爲無法用圖樣表達,或更適合用文字表達的內容,它對了解本工程的基本情況非常有用。閲讀建築施工圖時首先要閲讀建築設計説明。

門窗表是對本工程項目所有門窗的統計表。門窗表的統計主要有利于土建施工及預決算的編制,與供熱通風與空調以及其他設備專業的關系不太大。

采用標準圖集目錄是把本工程項目所采用的標準圖集的編號匯集到一起,以方便預決算和組織施工時收集資料。簡單的工程項目也可以不列出。

建築總平面圖是表示本工程在整個基地中所處位置及周圍環境的平面布置圖樣。總平面圖主要包括本工程與周圍建築物的間距、相互關系、指北針(或風玫瑰)、建築朝向、硬地與綠化、道路與廣場等內容。總平面圖是按照一定的圖例,用不同的綫型從上往下所作的正投影圖。當工程項目較大時,總圖也可以由總圖專業人員專門繪制,而每個子項單體工程的建築施工圖不再重復繪制總平面圖。

建築平面圖指用一假想水平剖切平面過略高于窗臺位置剖切,移去上面部分,所得的水平剖面圖。有底層(首層)、二層、三層……頂層平面圖。中間各層如果都相同的話,可以用一個平面圖代替,稱爲標準層平面圖。被剖切部分(如墙體、柱子等)的輪廓綫用粗實綫表示,没有剖切到的可見部分(如室外的散水、臺階、花臺、雨篷等)用細實綫繪出,被遮蓋構件用虛綫表示。平面圖反映房屋的平面形狀、房間大小、相互關系、墙體厚度、門窗形式和位置等情況。因此,平面圖是建築施工圖中最基本的圖樣之一。對設備各專業來講,也是最爲重要的建築施工圖内容。

建築立面圖是在與房屋立面平行的投影面上所作的正投影圖。立面圖可根據建築朝向命名爲東、南、西、北立面圖,可按正背向命名爲正、背、左側、右側立面圖,也可以按建築物兩端的定位軸綫編號來命名。立面圖主要反映了建築物的外形輪廓,室外構配件的形狀及相互關系,外部裝修的材料和顏色及構造做法,門窗洞口、檐口及其他部位的標高等内容。

建築剖面圖是指用一假想垂直于樓板層的剖切平面剖切建築物,所得到的正投影圖。剖面圖主要用以表示房屋的内部結構、分層情況、樓層等部位的標高以及各構配件的竪向關系等内容。比例較大時剖面圖表達的内容也較詳細,并可用多層構造引出綫的方法標注樓地面和屋面的構造做法。

建築大樣詳圖是指建築細部做法的節點大樣圖。由于平面圖、立面圖、剖面圖的比例過小,顯示不出來細部的真實構造做法,只能通過大樣詳圖來完成。

對于設備各專業來講,掌握建築平立剖面圖的識讀方法,并具有熟練閱讀的能力,就基本滿足自己工作的需要,當必須知道建築的細部構造以及尺寸關系時,則需要閱讀大樣詳圖部分的内容。

2.1.3　建築施工圖的閱讀順序

爲便于閱讀,施工圖的排列是有一定順序的。閱讀圖紙時若按照這個順序進行,并前后對照,相互印證,就會事半功倍。

一個工程項目的施工圖紙一般包括建築施工圖、結構施工圖、供熱通風與空調施工圖、給排水施工圖、電氣施工圖等内容。建築施工圖排在最前,其次是結構施工圖,然后是設備各專業的施工圖。

建築施工圖(簡稱建施)包括很多圖樣,也是按一定的次序排列的。一般依次爲封面、首頁、總平面圖、平面圖、立面圖、剖面圖和大樣詳圖。有時也會見縫插針,在中間的某張圖紙中加畫一些節點詳圖。爲方便看圖,一般盡量將相關的節點詳圖放在所索引的那張圖中。這個安排比較符合人們看圖紙的順序。

首頁中一般有圖紙目録、建築設計説明、門窗表、采用建築標準圖集目録及其編號等内容。若總平面圖不太復雜時也可以放于首頁。

建築施工圖在圖紙的標題欄中,圖别一項應注明"建施",圖號一項應按圖紙的排列次序進行編號。其他專業的施工圖也是如此。

2.2　總平面圖的識讀

建築總平面圖是表示本工程在整個基地中所處位置及周圍環境的平面布置圖樣。

擬建工程在基地中處于什么位置,基地的地形地貌,建築的朝向,擬建建築物的層數,標高情況,周圍環境等,在總平面圖中都有所反映。

總平面圖中使用的圖例,一般都符合《總圖制圖標準》GBT 50103—2001 的規定(見圖 2.6)。

新建的建筑物①		铺砌场地	
原有的建筑物		敞棚或敞廊	
计划扩建的预留地或建筑物		高架式料仓	
拆除的建筑物		漏斗式贮仓②	
新建的地下建筑物或构筑物		冷却塔（池）	
建筑物下面的通道		水塔、贮罐	
散状材料露天堆场		水池、坑槽	
其他材料露天堆场或露天作业场		烟囱	
透水路提		测量坐标	X（南北方向轴线） Y（东西方向轴线）
过水路面		施工坐标	A（南北方向轴线） B（东西方向轴线）
室内设计标高（注到小数后二位）	（绝对标高）	方格网交叉点标高	(施工高度)|(设计标高) (原地面标高)
室外标高	▼（标高）	填方区、挖方区、未整平区及零点线	+|／ +|·
斜井或平洞		填挖边坡	
拦水（渣）坝		护坡	
分水脊线		地沟管线	（代号） （代号）
分水谷线		管桥管线架空电力、电讯线⑩	（代号） （代号）
洪水淹没线⑧		针叶乔木	
截水沟或排洪沟	（沟底纵向坡度） （变坡点间距离）	针叶灌木	
排水明沟	（沟底标高） （沟底纵向坡度） （变坡点间距离） （沟底标高） （沟底纵向坡度） （变坡点间距离）	阔叶乔木	
管线	（代号）	阔叶灌木	

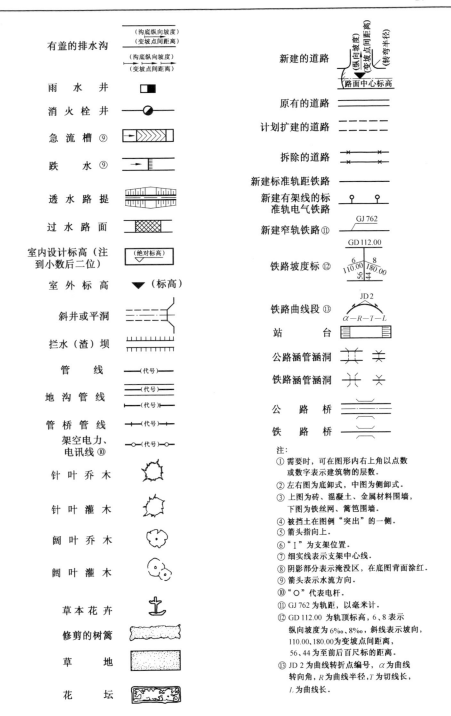

圖 2.6　常用總平面圖例

閱讀總平面圖時，主要注意以下幾個方面：

1.查看比例、圖例以及相關的文字說明

總平面圖常用的比例爲 1:500 或 1:1 000，所繪區域特別大時也可以用 1:2 000 的比例。圖中使用的圖例如圖 2.6 所示。文字說明部分也應認真閱讀。

總平面圖中所標注的尺寸，全部以米爲單位。

2.看明白工程名稱和性質、地形地貌以及周圍環境情況

在總平面圖中，有關擬建項目的工程名稱、平面形狀、層數、地形地貌、周圍環境等都會反映出來，看圖時要認真閱讀。

3.仔細核對圖中的標高

總平面圖中的標高爲絕對標高，是以青島市的平均黃海海平面作爲零基準點。尤其山區的地形，標高更爲復雜，要認真讀懂室外標高的變化情況以及室內標高與室外標高的關系。

標高也是以米爲單位，一般精確到小數點后三位。

4.弄清建築物的朝向

通過查看總圖中的指北針或風玫瑰圖，可以確定建築物的朝向。朝向問題對采暖負荷的計算有很大影響，對于居住建築尤爲重要，暖通專業必須弄清建築的朝向。

5.弄清道路綠化等周圍環境情況

對于設備專業來説，必須了解擬建建築物的周圍環境情況。比如，基地的給排水管網的走向、標高與來源，供熱設施及其位置、供熱方式、管網的敷設方式，供電設施的位置、布綫方式、用電負荷情況等等。

2.3　平面施工圖的識讀

平面圖是建築施工圖中最基本的圖樣之一。建築設備各專業所需要的條件圖，就是來自建築施工的平面圖。所以，學會閱讀建築平面施工圖，從平面圖中正確了解有關的建築信息是很重要的。

與總平面圖相類似，在平面、立面和剖面建築施工圖中，無法用實形來表達建築門窗、樓電梯等建築的構配件，也要采用一些建築圖例來表示。

圖 2.7 是現行國家標準中的常用建築構造圖例。

現以一個學生宿舍樓的建築平面圖(圖 2.8)説明其識讀方法。

閱讀建築平面施工圖時，主要注意以下幾個方面。

2.3.1　查明標題，了解概況

在閱讀建築施工圖之前，首先應大致瀏覽一遍圖紙，從而了解工程概況、結構類型、平面形狀、樓梯電梯、出入口、房間布局、建築高度與層數等情況。通過底層平面圖的指北針或風玫瑰了解建築的朝向。并盡量把建築設計説明閱讀一遍，以掌握圖樣中未顯示的信息。這樣，會使你對整套圖紙有一個總的印象，對正式閱讀整套建築施工圖是大有益處的。

接下來就可以按照圖紙的排列順序，從平面圖開始，仔細閱讀整套建築施工圖。

2.3.2　查看圖名及比例，分清是哪一層平面圖

在平面圖的下方有該平面圖的圖名和比例，圖紙的標題欄也會顯示本張圖紙的所有圖樣。建築平面施工圖常采用 1:100 的比例，有時也用 1:150 或 1:200 的比例。平面圖的排列次序，一般是底層平面圖在前，依次爲二層、三層……頂層平面圖，最后是屋頂平面圖。中間樓層如果一樣的話可以用一個代替，叫做標準層平面圖。

閱讀平面施工圖時，通過樓梯的平面形式也可以看出該平面圖是底層、中間層，還是頂層平面圖。樓梯的上下行箭頭都是以本樓層的地坪標高爲基準面的，梯跑向上的用箭頭示意并在箭尾處注寫"上"；梯跑向下的用箭頭示意并在箭尾處注寫"下"。由于每層的平面圖都是過略高于窗臺處水平剖切的，所以往上去的樓梯段被剖斷，建築施工圖中用折斷綫來表示。因此，樓梯在平面施工圖中的表示方法爲：

(1)底層樓梯平面只有被折斷的向上去的梯段，和箭尾處標有"上"的上行箭頭；

(2)中間層樓梯平面既有被折斷的向上去的梯段部分，又有向下去的未被折斷的梯段，因此既有上行箭頭，又有下行箭頭，并分別在其箭尾處標注"上"和"下"；

(3)頂層樓梯平面只有向下去的梯段和箭尾處標有"下"的下行箭頭。

樓梯出屋面的建築物，頂層樓梯和中間層樓梯是沒有區別的。同樣道理，帶有地下室的建築物，底層樓梯和中間層樓梯也沒有區別。

各層樓梯的平面圖見圖 2.7。

除圖名以及樓梯部分的區別外，在底層平面圖中還表示出了臺階、散水、坡道等室外設施，二層以上各層平面圖則不需要顯示這些。建築物出入口的雨篷一般在二層平面圖中顯示，以上各層也不需要顯示。同樣道理，有屋頂平臺時也僅在最接近的上一層平面圖中顯示，以上的各層平面圖都不再顯示。也就是說，繪制平面施工圖時，僅表示緊鄰的下一樓層平面的可見部分，不再顯示下面其他樓層平面的可見部分。

從圖 2.8 可以看出，該平面圖爲底層平面圖，所用比例爲 1:100。

2.3.3　了解定位軸綫的編號及其間距

定位軸綫是確定建築物結構或構件的位置及其標志尺寸的基綫，是施工放綫的依據。不僅建築構配件的位置和尺寸需要定位軸綫來定位，在供熱通風與空調專業以及其他設備專業的施工圖中，設備的布置、預留洞的設置、管道的敷設也要靠定位軸綫來定位。因此要仔細查清各定位軸綫的編號情況及開間、進深尺寸。

從圖 2.8 可以看出，該宿舍樓共有 10 條橫向定位軸綫，4 條縱向定位軸綫；房間的進深爲 5 400 mm，走道寬 2 100 mm，9 個均爲 3 600 mm 的開間；建築物的主入口位于南側的正中開間，正對主入口有一部樓梯，東山墙處還設有一個疏散出口，衛生間及盥洗間設在建築物的西側山墙處。

2.3.4　查看建築物各部尺寸

建築平面施工圖中標注尺寸是它的一個主要內容。外墙的門窗等外部尺寸標注在平

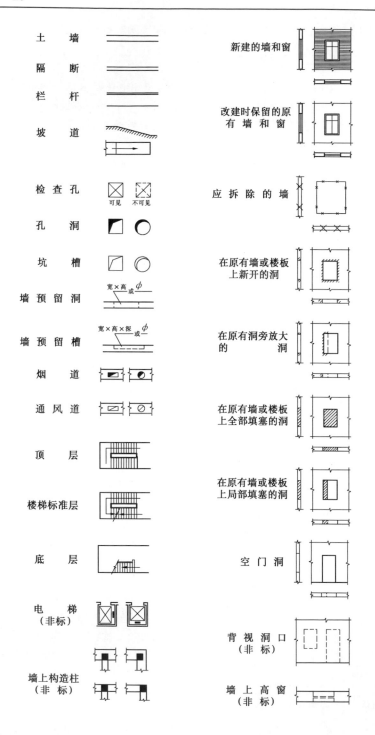

土　墙		新建的墙和窗
隔　断		改建时保留的原有墙和窗
栏　杆		应拆除的墙
坡　道		在原有墙或楼板上新开的洞
检查孔	可见　不可见	在原有洞旁放大的洞
孔　洞		在原有墙或楼板上全部填塞的洞
坑　槽		在原有墙或楼板上局部填塞的洞
墙预留洞	宽×高或φ	空门洞
墙预留槽	宽×高×深或φ	背视洞口（非标）
烟　道		墙上高窗（非标）
通风道		
顶　层		
楼梯标准层		
底　层		
电　梯（非标）		
墙上构造柱（非标）		

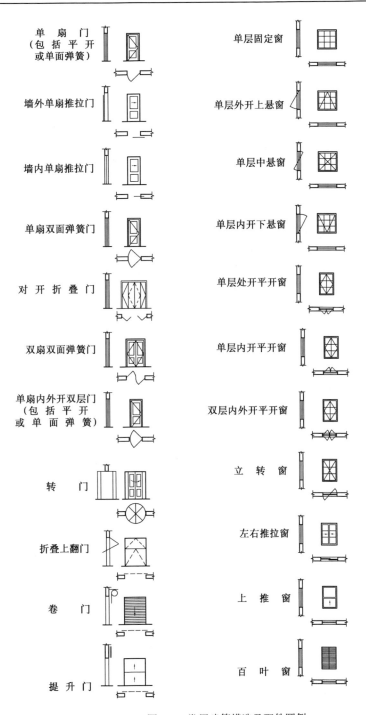

圖 2.7　常用建築構造及配件圖例

面外圍,内部的門窗、建築設施等内部尺寸標注于平面内。閱讀時要認真查看每一個尺寸。

建築平面施工圖中的尺寸單位都是毫米,只有樓層標高以米爲單位。

建築施工圖外部尺寸主要標注外墙上的門窗的洞口寬度和位置,一般應標注三道尺寸,三道尺寸綫的間距爲 8 ~ 10 mm。這三道尺寸綫分別爲:

①第一道尺寸。指最里面(離建築物最近)的尺寸綫,標注外墙上門窗洞口寬度和窗間墙尺寸以及細部構造尺寸。

②第二道尺寸。定位軸綫間的距離,即房屋的開間(柱距)與進深(跨度)尺寸。

③第三道尺寸。也叫外包尺寸。房屋外輪廓的總尺寸,即從一端到另一端的外墙總長度或總寬度。嚴格來講應指從一側外墙外邊緣到另一側外墙外邊緣,有時也簡化爲最外側兩條定位軸綫的距離。

建築的内部尺寸應注明内墙上的門窗洞口寬度和位置、墙體厚度、設備的大小和位置等。

從圖 2.8 可以看出,該建築物的總長爲 32 640 mm,總寬爲 13 140 mm;每個開間外墙有居中布置的 1 500 mm 寬 C – 1 窗一樘,内墙有居中布置的 1 000 mm 寬的 M – 1 門一樘,出入口爲居中布置的 M – 2 建築外門各一樘。

2.3.5　查閱建築平面圖中各部分的樓地面標高

建築平面施工圖中應標注建築標高。

各層樓地面及陽臺、衛生間不同標高處都應標注標高。錯層、躍層或其他樓地面有較大高差時,一般都設有踏步或坡道聯系;衛生間、厨房、陽臺等處與同層樓地面高差較小處,不用設置踏步,但高差處應用細實綫加以顯示。

標高一般精確到小數點后三位,底層室内主要房間地坪標高一般定爲 ± 0.000,低于 ± 0.000 的前邊加 " – " 號;高于 ± 0.000 的可省去 " + " 號。

通過查閱建築平面施工圖中的標高,結合立面圖、剖面圖,可以了解建築物的每層的空間高度以及室内空間的變化情况。

從圖 2.8 可以看出,該宿舍樓的底層室内標高爲 ± 0.000,盥洗間、衛生間比同層地面低 20 mm,建築標高爲 – 0.020。

2.3.6　查看門窗位置、型號及編號

平面圖常用圖例表示形狀較復雜的門窗、設備等(參見圖 2.7)。

建築物的門窗,平面圖中只是表示出位置以及洞口寬度,它的洞口高度、窗臺高等應從立面圖或剖面圖中查閱。另外,門窗表中顯示了有關門窗的詳細資料,通過門窗的編號對應門窗表可以查出每一樘門窗的洞口高度以及材料等,無法選用標準圖的建築施工圖中一般還有門窗大樣。

門的代號爲 "M",如 M – 1,M – 2,…窗的代號爲 "C",如 C – 1,C – 2,…門連窗的代號一般用 "MC" 表示,如 MC – 1,MC – 2,…此外,根據建築物的復雜程度,也可能會有玻璃幕墙、玻璃隔斷等,都應一并編號并列于門窗表中。

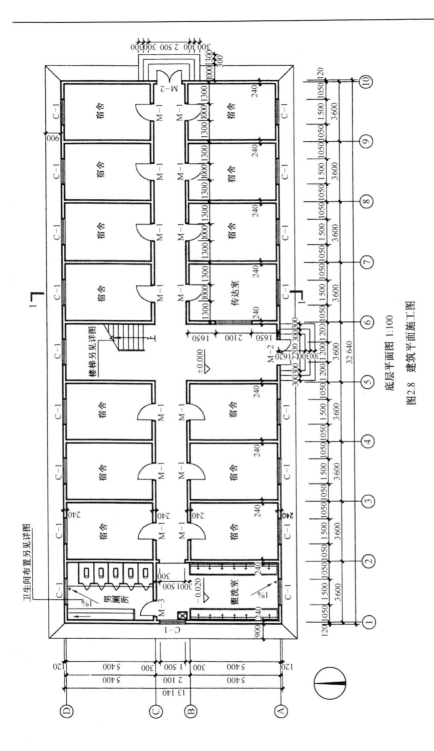

底层平面图 1:100

图2.8 建筑平面施工图

· 23 ·

2.3.7 平面圖中要顯示其他專業對土建所要求的預留洞

在建築施工圖中,建築專業和其他專業所需要的預留洞,平面尺寸及標高都應有所顯示。比如,半暗裝暖氣片的壁龕,墙上暗裝消火栓的洞槽,暗裝電表箱的洞槽等等,在建築施工圖中都會正確顯示其位置和尺寸。

在設計過程中,各專業互相協調,每個專業所需要的預留洞最終由建築專業標注于建築圖上。施工過程中,同樣各工種要相互配合,在建築施工圖中查閱每個專業的預留洞。

2.3.8 注意相關設施的情況

比如,室外臺階、花池、散水、明溝等的位置和尺寸等,在底層平面圖中都有所反映。要注意這些相關的設施,避免發生冲突。

2.3.9 底層平面圖上應標注有剖面圖的剖切位置符號,查看剖面圖時應相互對應

剖面圖的剖切符號是標注于底層平面圖中的,要注意與剖面圖相互對照。

閱讀建築平面施工圖時,要注意各層平面圖之間的區別,各層平面的樓梯的平面形式、樓面標高、室外設施等是不同的,在底層平面圖還標有指北針。同時,又要注意各層平面圖的相互結合,前後對照,真正理解各層的平面布局,運用所學知識,發揮空間想象能力,真正掌握該建築物的空間關系。這是閱讀建築施工圖的關鍵,對迅速掌握其他專業施工圖的識讀也是大有好處的。

2.4 立面施工圖的識讀

建築立面圖是在與房屋立面平行的投影面上所作的正投影圖。

在建築立面施工圖中,主要反映了建築物的外部造型和輪廓,室外構配件的形狀及相互關系,門窗洞口、檐口、陽臺等的標高,建築外部裝修的材料和顏色以及構造做法,等等。在建築立面圖的兩端應標注出建築端部的定位軸綫及其編號。立面圖比較直觀,雨篷、陽臺、立面門窗等建築外部構配件都反映其實形,各部分的輪廓綫從綫型的粗細上也進行了區分。另外,建築立面施工圖中的尺寸也比平面施工少,主要標注立面標高。有關外裝修的材料、構造做法一般也標注于立面施工圖中。

閱讀建築立面施工圖時,只要結合平面施工圖和有關剖面施工圖,加上立面圖直觀的特性,一般來講是比較容易的。

現以上例中學生宿舍樓的建築立面施工圖爲例(圖 2.9),説明立面圖的識讀。

2.4.1 查看圖名和比例

與平面施工圖相同,在每個立面圖的下方都有該立面圖的圖名和比例。從圖紙的標題欄也可查出本張圖紙的內容。要分清該立面圖到底是哪個立面,以便跟平面圖相對照一起識讀。另外根據建築兩端的定位軸綫編號也能夠看出是該立面到底是哪個立面。建築立面施工圖常常采用 1:100 的比例,有時也可采用稍小的比例。

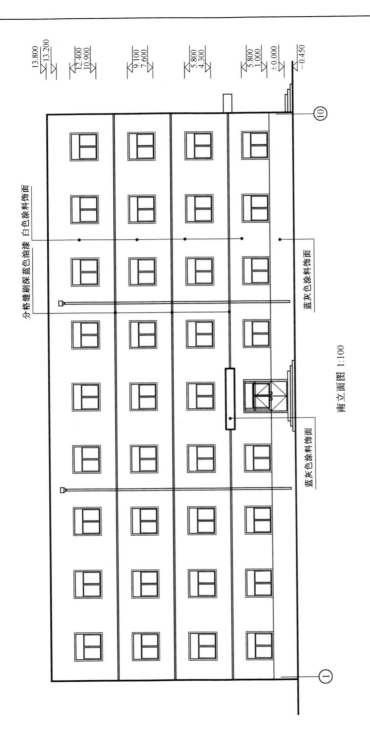

南立面图 1:100

從圖 2.9 可以看出，該立面圖爲南立面圖，即 1 軸綫到 10 軸綫的立面圖，比例爲 1:100。

2.4.2　查看立面的外形，對照平面領會細部形狀

建築的屋面形式、檐口、立面門窗、雨篷、陽臺、臺階坡道等室外設施及構造做法，在立面施工圖中都會反映出來。閱讀時要結合平面施工圖，領會每一個有變化地方的凹凸關系及形狀，甚至細部做法。當通過立面圖表達不清楚時，還會用大樣詳圖進一步表達細部，這時要結合詳圖來識讀，力求達到能看懂立面圖的每一個細節。

從圖 2.9 可以看出，該立面圖比較簡單，沒有過多的凹凸，容易識讀。

2.4.3　查看立面圖中主要部位的標高

建築立面施工圖的一個主要作用就是標注有關標高。比如，室外設計地坪、室內樓地面、屋面檐口、門窗洞口、陽臺欄板扶手、雨篷等的標高，在立面施工圖中都會反映出來。閱讀圖紙時要注意這些主要部位的標高，尤其與本專業密切相關的一些建築標高。

室內樓地面的建築標高，是指樓地面面層上表面的標高，與結構標高是有區別的；而屋面的建築標高，是指屋面結構層上表面的標高，此處的建築標高與結構標高是相同的。

在圖 2.9 的立面圖中，顯示了各層窗洞口的標高、檐口標高、底層地面標高以及室外地坪標高。該建築物的室內外高差爲 450 mm。

2.4.4　結合詳圖查看外部裝修材料和做法

在建築立面施工圖中一般都標注出了外部裝修材料及做法，比如外牆用的什麼裝飾材料，都有哪些細部裝飾等，有時需要選標準圖或繪制詳圖才能表達清楚，這樣就需要結合有關的大樣詳圖來閱讀建築立面施工圖。

從圖 2.9 可以看出，建築主體爲白色涂料飾面，并在接近層高處設有涂深藍色油漆的分格縫；勒脚部分、雨篷爲藍灰色涂料飾面。

對于供熱通風與空調以及其他設備專業來講，立面施工圖遠沒有平面施工圖重要。但學習閱讀建築立面，對空間想象能力的培養，以及整個識讀施工圖能力的訓練，是很有必要的。尤其是一些建築立面變化豐富，構件凹凸較多，體量關系復雜的建築物，學習時更應多加體會，以提高自己的識圖能力。

2.5　剖面施工圖的識讀

建築剖面施工圖主要是用來表示房屋的内部結構、分層情况、樓層等部位的標高以及各構配件的豎向關系的。繪制剖面圖的一個主要目的就是標注各部分的建築標高。

建築剖面圖常采用 1:100 的比例。識讀建築剖面圖時，關鍵要分清剖切部分和可見部分的區別：剖切部分的輪廓綫應用粗實綫表示，而可見部分用細實綫表示。爲區分鋼筋混凝土的梁和樓板和砌體結構的牆體，常把被剖切到的鋼筋混凝土構件涂黑。

采用較大比例的剖面施工圖時，所表達的内容也更爲詳細，圖樣表達得也更爲具體。

這時,被剖切到的建築材料,要用建築材料符號加以表示,并可用多層構造引出綫的方法標注被剖切到的樓地面和屋面的構造做法。

常用建築材料的剖切符號如圖 2.10 所示。

一套建築施工圖中,剖面圖的多少應根據建築物的復雜程度而定,普通的建築物僅作一個橫剖面圖就能滿足需要,建築空間較復雜時可增加剖面的數量。剖面的剖切位置要合適,一般選在門窗洞口、樓梯間、雨篷或其他空間有變化處。它的命名要與平面圖上剖切符號的編號相一致。

現仍以上例學生宿舍樓的建築剖面施工圖爲例(圖 2.11),説明剖面圖的識讀。

2.5.1　首先弄清剖面圖的剖切位置、投影方向以及剖切構件和可見構件

建築剖面施工圖,要對照平面施工圖一起閲讀,才能弄清剖面圖的剖切位置和剖視方向,領會剖面圖中所反映的內容,哪些構件是剖切到的,哪些構件是可見的。在底層平面圖中,表示出了該剖面圖具體的剖切位置、剖視方向以及剖面圖編號。

所有剖切到的構件輪廓綫爲粗實綫,没有剖切到的可見部分用細實綫表示。閲讀剖面施工圖,必須弄清這種關系。在較大比例的施工圖中,還會顯示出各種剖切構件的材料符號,并繪出墻面抹灰層、樓地面、頂棚抹灰、屋面做法等面層的厚度,只不過這些構造層次的輪廓綫仍用細實綫表示。

剖面圖中,剖切到的主要墻體等的定位軸綫及其編號都應繪出,并標注出它們之間的距離。從這一點也能够驗證剖面圖的剖視方向。

結合圖 2.8,從圖 2.11 可以看出,該剖面圖爲橫剖面,兩道縱向外墻以及該外墻上的 C－1 窗,兩道縱向內墻以及該內墻上的 M－1 門,均爲剖切構件。投影方向爲自東向西。

2.5.2　查看建築物主要結構構件的結構類型、位置以及它們之間的相對位置關系

在建築剖面施工圖中,梁板是如何鋪設的,梁板與墻體的連接,屋面、樓板、梁的結構形式以及與墻柱的關系等,都會反映出來。看懂剖面圖的這些關系,可以加深對該建築物結構情況的認識。

2.5.3　查看各部分的尺寸關系和建築標高

查看各部分的尺寸關系和主要建築標高,是建築設備專業閲讀剖面施工圖的主要目的。

首先,查看建築室內外地坪高差。爲防止室外的雨水倒流入室內,也爲了防止室內過于潮濕,一般情況下,建築的室內地坪要高于室外地坪。室內外的高差最少不應小于 150 mm。民用建築常常采用 450 mm、600 mm、750 mm、900 mm 等室內外地坪高差。

其次,查看各樓層標高以及屋面或檐口標高。樓層的建築標高是指樓地面的面層上表面處的標高,屋面標高指屋面結構層上表面的標高,檐口標高指屋面檐口處的標高。通過這些建築標高可以知道建築物的層高,這直接關系到管道的敷設所占的空間高度是否合適,是設備專業必須要知道的。

最后,查看建築物總高和細部的一些標高。比如陽臺、雨篷、門窗洞口等。

與平面圖一樣,剖面圖的竪向尺寸也應標注三道尺寸綫:

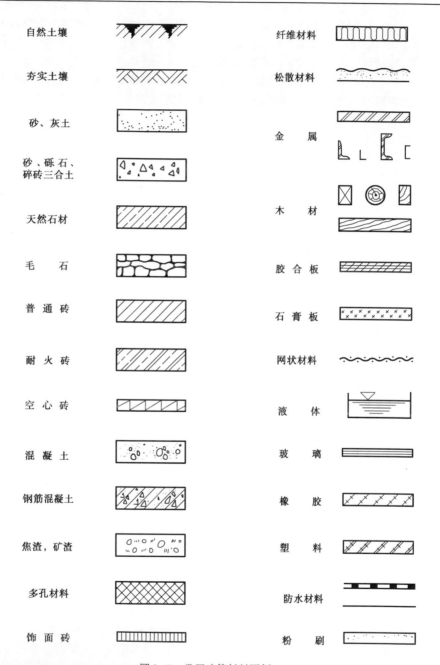

圖 2.10　常用建築材料圖例

①第一道尺寸綫。指離建築物最近的尺寸綫,標注外墙上門窗洞口高度和窗間墙尺寸或其他細部構造尺寸。

②第二道尺寸綫。標注建築物的層高。

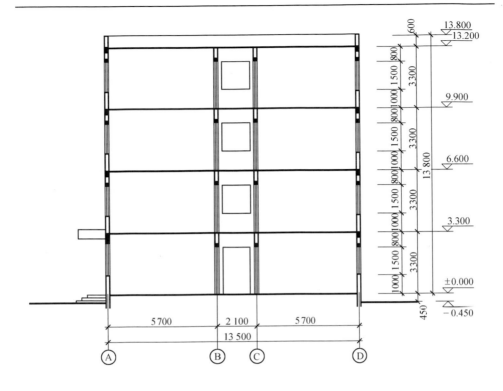

1-1剖面图 1:100

圖 2.11　建築剖面施工圖

③第三道尺寸綫。標注建築物的總高度。指室外設計地坪到屋面檐口的高度。

從圖 2.11 可以看出,該宿舍樓爲四層,層高 3 300 mm,室内外高差 450 mm,女兒墙高 600 mm,建築總高 13 800 mm。C－1 窗高 1 500 mm,窗臺高 1 000 mm,窗洞口到上層樓面 800 mm。

2.6　大樣詳圖的識讀

爲滿足施工的要求,把平、立、剖面圖中一些細部的建築構造用較大比例的圖樣詳細繪出,即是建築節點詳圖(或叫大樣詳圖)。

繪制詳圖的比例,一般有 1:50、1:20、1:10、1:5、1:2、1:1 等。由於詳圖的比例較大,在平面詳圖和剖面詳圖中,剖到的材料應該用不同的材料符號表示出來。各種材料符號見圖 2.10。

詳圖的繪制深度,要求構造表達清楚,尺寸標注齊全,文字説明準確,軸綫標高與相應的平、立、剖面圖一致。不是特别復雜的,用一個詳圖即可表達清楚其構造做法;復雜的需要的詳圖也較多。

與平、立、剖面圖相對應,詳圖也有平面詳圖、立面詳圖、剖面詳圖之分。凡是有詳圖的,具體的構造做法都應以詳圖爲準。所以,大樣詳圖是建築施工圖的重要組成部分。

一般房屋常見的詳圖主要有:檐口詳圖、墙身構造節點詳圖、樓梯詳圖、厨房及衛生間平面布置詳圖、陽臺詳圖、門窗詳圖、建築裝飾詳圖、雨篷詳圖、臺階詳圖等。圖 2.12 是一個墙身節點詳圖。

建築施工圖需要詳圖的數量是比較多的。對于一些常見的構造做法,爲減少每套建築施工圖中詳圖的數量,常常編制成標準圖,以供每個工程項目選用。適用範圍較廣的有國標、地區標(指中南地區、華北地區等)、省標等國家及地方的通用標準圖,可供全國、某地區、某省份範圍内的工程項目選用。小範圍的有針對某一工程項目編制的通用圖,使用範圍僅僅是該項工程。無論是選用的標準圖還是繪制的大樣詳圖,爲閱讀的方便,都應有索引符號和詳圖符號進行編號。

索引符號是表示圖上該部分另有詳圖表示的意思。它由用細實綫繪制的直徑爲10 mm的圓和過圓心的水平細直綫以及引出綫組成。在圓圈的上半圓和下半圓中均標有阿拉伯數字,上半圓中的數字表示詳圖的編號,下半圓的數字表示該詳圖所在圖紙的編號。當詳圖與被索引的圖樣在同一張圖紙上時,下半圓中用一短平實綫表示。如果選用標準圖中的詳圖時,在圓的水平直徑延長綫上加注標準圖集的編號。詳圖索引符號如圖 2.13 所示。

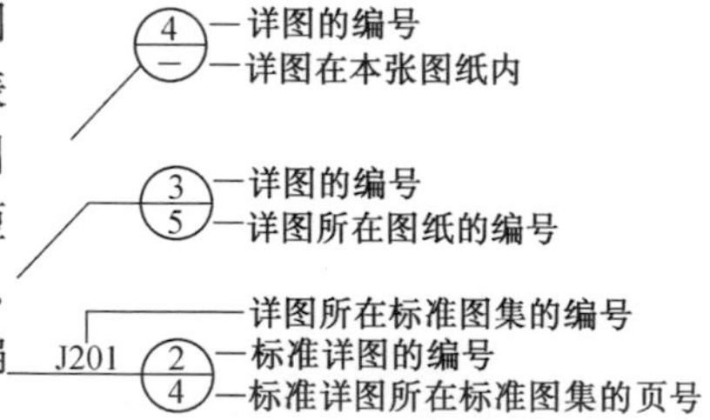

當詳圖爲剖面詳圖或斷面詳圖時,在索引符號引出綫的一側,有一表示剖切位置的短粗實綫,這個短粗實綫在引出綫的哪一側,就表示該剖面(或斷面)詳圖是從哪個方向所作的投影,如圖 2.14 所示。

詳圖符號表示詳圖的位置和編號。是一直徑爲 14 mm 的粗實綫圓圈,并在圓圈内標有阿拉伯數字或字母。當詳圖與被索引的圖樣在同一張圖紙内時,圓圈内的阿拉伯數字

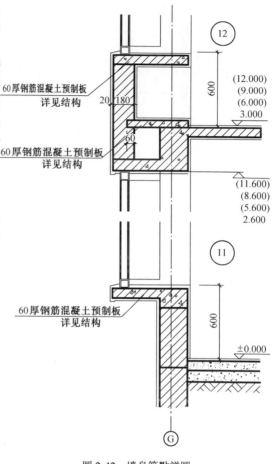

圖 2.12　墙身節點詳圖

圖 2.13　詳圖索引符號

就是該詳圖的編號；當詳圖與被索引的圖樣不在同一張圖紙內時，圓圈內有一細實綫分爲上下半圓，上半圓內數字或字母爲該詳圖編號，下半圓爲被索引詳圖所在的圖紙號，如圖2.15 所示。

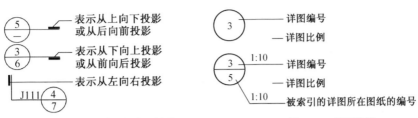

圖 2.14　局部剖面詳圖的索引符號　　　　　　　　圖 2.15　詳圖符號

大樣詳圖比例較大，剖切構件的建築材料都用相應的符號表示，構造層次較多時可用分層構造引出綫加以説明，再加上大樣詳圖的尺寸、標高標注的非常詳細，讀懂建築大樣詳圖并不困難。必須注意的是：根據詳圖的編號以及被索引圖樣的索引符號，弄清詳圖所在的位置，以及與周圍相關構造的關系，做到先由整體到局部，再由局部回到整體中去。

圖 2.16 是一個衛生間的平面布置大樣詳圖舉例。

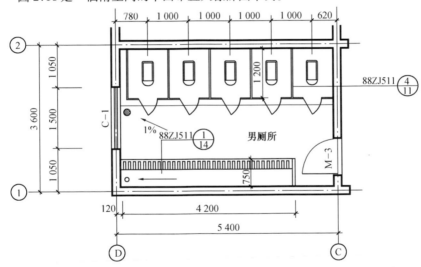

圖 2.16　衛生間平面布置詳圖

復習思考題

1. 熟悉常用的建築圖例。

2. 定位軸線如何編號？需要分區時如何編號？

3. 都有哪些字母不可以作爲定位軸線的編號？

4. 一套建築施工圖一般如何排序？

5. 建築設計說明一般都有哪些内容？

6. 總平面圖都包括哪些内容？

7. 建築平面圖是怎樣得來的？

8. 怎樣閱讀建築平面施工圖？

9. 怎樣閱讀建築立面施工圖？

10. 怎樣閱讀建築剖面施工圖？

11. 建築詳圖的索引符號以及詳圖符號有哪些規定？

第 3 章　基礎與地下室

3.1　地基與基礎

3.1.1　地基和基礎的概念

基礎是建築物墙體或柱子埋在地下的擴大部分,它是建築的一個組成部分。

基礎直接與下面的土層接觸,作用是承受房屋的荷載(包括房屋的自重以及房屋内部的人、家具、設備,屋頂的積雪、房屋受到的風荷載等所有荷載),并把荷載傳給它下面的土層。可以看出,建築物的基礎是非常重要的。

地基指的是基礎下面承受荷載的那部分土層。建築的所有荷載最終都通過基礎傳給了地基土來承受,地基土層必須有足够的承載能力。地基和基礎共同保證建築物的堅固、耐久、安全。

盡管地基對建築的正常使用十分重要,但地基不是建築物的組成部分。

地基在保持穩定的條件下,每平方米所能承受的最大垂直壓力稱爲地基的承載力(或叫地耐力)。當基礎傳來的荷載超過地基承載力時,地基將出現較大的沉降變形、滑動甚至于破壞。一般應該將基礎與地基接觸部分的尺寸擴大,盡量擴大基礎的底面積,也就是擴大建築物與地基土的接觸面積,以減小地基單位面積上所受到的壓力,使它在地基承載力的允許範圍之内,才能保證房屋的使用安全。這就是我們所説的基礎的"大放脚"。

地基在荷載作用下會産生應力和應變,并隨土層深度的增加而減少。地基中壓力需要計算的那部分土層稱爲持力層。持力層以下的那部分土層稱爲下卧層。

3.1.2　地基的分類

建築物的地基是支承基礎的土體或岩體,由各種各樣的地基土組成的。這里所説的"土"是廣義的一個概念。

地基土可分爲岩石、碎石土、砂土、粉土、黏性土和人工填土等。

岩石土根據粒徑大小又分塊石(或漂石)、碎石(或卵石)、角礫(或圓礫)等。

砂土根據粒徑大小又分礫砂、粗砂、中砂、細砂和粉砂。

黏性土根據塑性指數的大小又可分爲黏土和粉質黏土。

粉土是界于砂土和黏土之間的地基土,是一種最爲常見的地基土類型。

人工填土根據組成及其成因可分爲素填土、雜填土、冲填土。

根據地基土的情況,地基可分爲天然地基和人工地基兩大類。

天然地基是指天然土層具有足够的地基承載力,不需經人工改良或加固就可以直接在上面建造建築物的地基。上述的岩石、碎石土、砂土、粉土和黏性土等,一般情況下都可以作爲天然地基。

人工地基是指地基土層的承載力較差,無法直接在上面建造建築物,而必須經過人工加固才能在上面建造建築物的地基。如雜填土、冲填土、淤泥或其他高壓縮性土層。人工加固地基的方法有很多種,如壓實法、換土法、擠密法、排水固結法、化學加固法、加筋法、熱學法、椿基礎等。常用的有壓實法、換土法、擠密法、椿基礎。

另外,所説的天然地基或人工地基,都是相對而言的,它與上部的荷載有很大關系。比如,建造一座多層或低層建築時,因上部荷載不大而不需要人工加固地基,此時的地基稱爲天然地基;如果建造的是高層建築,可能就需要進行人工加固,這時就成了人工地基。

3.2　基礎的類型、材料與構造

基礎是將結構所承受的各種作用傳遞到地基上的結構組成部分。根據分類方法的不同,基礎有多種類型。

基礎按照所用的材料及受力特點分,有無筋擴展基礎和擴展基礎兩種類型。無筋擴展基礎系指由磚、毛石、混凝土或毛石混凝土、灰土和三合土等材料組成的墙下條形基礎或柱下獨立基礎,包括磚基礎、毛石基礎、混凝土基礎、灰土基礎、三合土基礎等。擴展基礎系指柱下鋼筋混凝土獨立基礎和墙下鋼筋混凝土條形基礎。基礎按照構造形式分,有條形基礎、獨立基礎、整片基礎(滿堂基礎)、椿基礎等。

3.2.1　按材料及受力特點分類

1.無筋擴展基礎

通過試驗得知,凡是用抗壓强度高而抗拉、抗剪强度低的材料砌築的基礎,比如磚基礎,都具有共同的特征,它們的破壞是有一定規律的,總是沿一定角度 α 破壞(圖 3.1),只不過材料不同 α 角也不相同。這個角度 α 稱爲剛性角,并存在下面的關系:基礎挑出的寬度 b_2 與高度 H_0 的比值是剛性角 α 的正切值(tan α),即

$$\tan \alpha = b_2/H_0$$

滿足了上式要求,基礎寬度就落在剛性角以内,故無筋擴展基礎也稱剛性基礎或大放脚基礎。

換句話説,所有的無筋擴展基礎都要受剛性角 α 的限制,要想增加無筋擴展基礎的底面積,就要增加基礎的出挑寬度,而要想增加寬度就必須相應的增加基礎的高度,否則,無筋擴展基礎就會因底部受拉而破壞。隨着基礎高度的增加,基礎的埋置深度也增加,這樣,土方量、人工費、工程造價也隨之而增加。因此無筋擴展基礎的使用就有一定局限性。

工程中就是通過控制基礎的寬高比來控制剛性角 α 的。

(1)磚基礎

磚基礎取材容易,價格低廉,但磚的强度、耐久性、耐水性、抗凍性都比較差。一般用于地基土質好、地下水位低的低層和多層磚木結構和磚混結構的墙承重式建築。

磚基礎的大放脚應砌築成臺階式逐級放大,工程中有兩種砌築方法,都能滿足剛性角

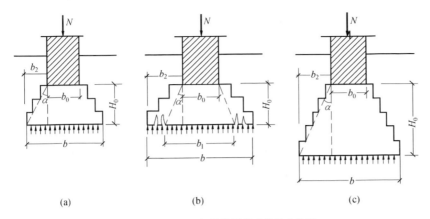

圖 3.1　無筋擴展基礎的受力特點

的限制。一是采用每二皮磚挑出 1/4 磚和一皮磚挑出 1/4 磚相間砌築;二是采用每二皮磚挑出 1/4 磚。基礎砌築前在基槽底部先鋪 20 mm 厚砂墊層。

　　磚基礎的構造見圖 3.2。

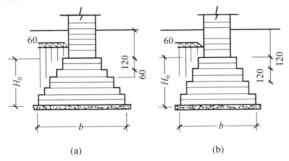

圖 3.2　磚基礎的構造

　　(2)毛石基礎

　　毛石基礎是用中部厚度不小于 150 mm 的未經加工的塊石和水泥砂漿砌築而成的。由于石材強度高、抗凍、耐水性好,水泥砂漿也是耐水材料,毛石基礎可用于地下水位較高、凍土深度較深地區的低層和多層建築。用于取材較近地區的工程時造價也較磚基礎低。

　　毛石基礎多爲階梯形截面。當基礎底面寬度 $b \leqslant 700$ mm 時,可以做成矩形截面。

　　毛石基礎的構造見圖 3.3。

　　(3)混凝土基礎

　　混凝土基礎堅固耐久,耐水性、抗凍性也好,剛性角也最大($\alpha = 45°$),常用于有地下水和冰凍作用的建築物基礎。

　　混凝土基礎的截面有矩形、階梯形,當底面寬度 $b \geqslant$ 2 000 mm時還可以做成錐形。錐形斷面能節約混凝土的用

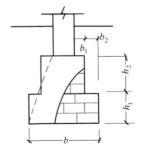

圖 3.3　毛石基礎的構造

量,從而減輕基礎自重。

有時爲節省混凝土,常常在混凝土中加入粒徑≤300 mm 的毛石,這種混凝土稱爲毛石混凝土。毛石混凝土基礎所用毛石尺寸不得大于基礎寬度的 1/3,毛石體積占全部基礎總體積的 20% ～30%,并且必須均匀分布。

混凝土基礎的構造見圖 3.4。

(4)灰土基礎和三合土基礎

灰土基礎是指在磚基礎下的灰土墊層作爲基礎的一部分考慮,并把它的承載力計算在內(圖 3.5),這樣可以節省一部分砌體材料。完全用灰土是無法做基礎的,這一點必須弄清楚,三合土基礎也是這個道理,是指磚基礎下的三合土墊層考慮其承載力的基礎。

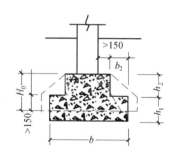

圖 3.4　混凝土基礎的構造

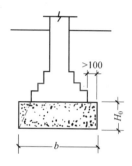

圖 3.5　灰土基礎的構造

灰土是由石灰和黏土加適量水拌和夯實而成的。根據石灰和黏土的體積比不同有三七灰土和二八灰土。施工時灰土每層虛鋪 220 mm,夯實后厚度在 150 mm 左右,爲一步,建築物的上部荷載不同可選用不同的步數。

三合土是由石灰、砂、骨料(碎磚或石子)按一定體積比(一般爲 1:3:6 或 1:2:4)加水拌和夯實而成的。做法與灰土也基本相同,或者采取先鋪骨料、再撒石灰和砂的拌和物、后灌水涸實的方法施工。

灰土基礎與三合土基礎盡管可節省磚砌體,但抗凍性、耐水性差,只能用于地下水位以上、凍結深度以下。現在一般用得較少。

2.擴展基礎

無筋擴展基礎受剛性角的限制,這是由于無筋擴展基礎本身的材料所決定的。如果基礎采用抗壓、抗拉、抗剪和抗彎能力都很强的材料,就不會受到剛性角的限制,基礎即使要做得底面積較大,高度也不會太大,這種基礎就稱爲擴展基礎。

擴展基礎一般是指用鋼筋混凝土制作的基礎。鋼筋和混凝土聯合工作,利用鋼筋承受拉力,基礎就可以承受剪力和彎矩。鋼筋混凝土基礎的受力較爲合理,可以做得比較薄,又稱爲擴展基礎(圖 3.6)。鋼筋混凝土基礎下一般要做 70～100 mm 厚的混凝土墊層。

3.2.2　按基礎的構造形式分類

1.條形基礎

條形基礎呈連續的帶狀,因此又叫帶形基礎。

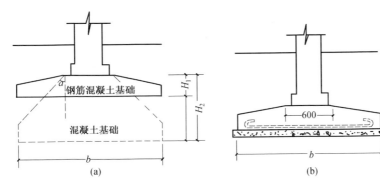

图 3.6　鋼筋混凝土基礎

條形基礎一般是用在墙體承重結構的墙下,磚混結構的中小型建築常用剛性基礎,地基軟弱時也可采用鋼筋混凝土基礎;剪力墙結構的高層建築一般用鋼筋混凝土條形基礎。當地基土比較軟弱時,骨架承重結構的柱下也可以采用條形基礎。

條形基礎的構造形式見圖 3.7。

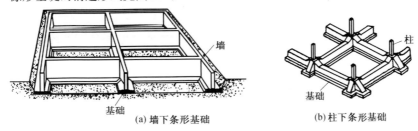

(a)墙下条形基礎　　　　　(b)柱下条形基礎

圖 3.7　條形基礎

2.獨立基礎

獨立基礎呈柱墩形,因此又叫單獨基礎(圖 3.8)。

獨立基礎一般是用在柱下,稱柱下獨立基礎。墙下獨立基礎較少,只有基礎需要埋得很深,而大面積開挖基槽不經濟,或因受相鄰建築物的影響等因素無法大

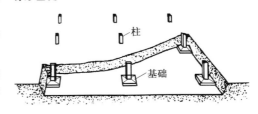

圖 3.8　獨立基礎

面積開挖時,可做成獨立基礎,在基礎上放基礎梁,然后在基礎梁上砌築墙體。

3.整片基礎

整片基礎包括筏式基礎和箱形基礎兩種類型(圖 3.9)。

筏式基礎也叫滿堂基礎、片筏基礎,簡稱筏基。筏式基礎一般用在墙下,也可用在柱下。

筏式基礎因底面積較大,所以比條形基礎的承載力要高一些,一般用于地基相對比較軟弱的建築物。它就像倒着放的樓蓋,有板式和梁板式之分。板式筏基板面平整,尤其利用筏基作爲地下室的底板時較爲有利,但板厚較大;梁板式筏基受力合理,但板面上有梁,

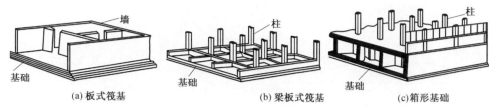

(a) 板式筏基　　　　　　　　(b) 梁板式筏基　　　　　　　(c) 箱形基礎

圖 3.9　整片基礎

如果用作地下室的地面時需進行處理。

如果把基礎用鋼筋混凝土澆築成箱子的形式,由底板、頂板和側牆組成,這樣的基礎就叫箱形基礎。箱形基礎內部空間可用作地下室。

對于高層建築,基礎一般需要埋得較深,爲了增加建築物的剛度和穩定性,提高基礎的承載力,可以將地下室的底板、頂板和側牆澆注在一起,形成箱形基礎。箱形基礎與筏式基礎相比,無論它的承載力還是抵抗變形的能力都大大提高,因此,箱形基礎一般用于荷載較大的高層建築。

4.樁基礎

當建築物的上部荷載很大,并且地基土的上部軟弱土層很厚,如果將基礎埋在軟弱土層不能滿足要求,而如果采用對軟弱土層進行人工處理又有困難或者不經濟時,建築物的基礎可以考慮采用樁基礎的形式。

樁基礎可以節省基礎材料,減少土方工程量,改善工人的勞動條件,縮短施工工期。尤其嚴寒地區在冬期施工,能省去開挖凍土的繁重勞動,但樁基礎的造價相對較高。

樁的種類很多,按材料分有木樁、鋼筋混凝土樁、鋼樁等,目前大多采用鋼筋混凝土樁;按斷面形式分有圓形、方形、環形、六邊形、工字形等,圓形樁用得較多;按入土方法不同分有打入樁、振入樁、壓入樁、灌注樁。前三種一般是鋼筋混凝土預制樁,灌注樁又分振動灌注樁、鑽孔灌注樁、爆擴灌注樁。按傳力的方式不同分爲端承樁和摩擦樁兩種形式。

通過樁尖將上部荷載傳給較深堅硬土層的樁基礎稱爲端承樁。端承樁適用于表層軟弱土層不太厚而下部就是堅硬土層的地基情況,見圖 3.10(a)。

主要通過樁與四周土層的摩擦力傳遞荷載的樁基礎稱爲摩擦樁。摩擦樁適用于表層軟弱土層較厚而堅硬土層相對較深的地基情況,見圖 3.10(b)。

鋼筋混凝土預制樁在工廠或施工現場預制,然后通過機械打入、壓入、振入土中。預制樁制作簡便,容易保證質量,承載力大,不受地下水位變化的影響,耐久性好,但自重大,運輸吊裝不便,施工時有較大振動和噪聲,在市區對周圍房屋有一定影響,并且造價也較高。

振動灌注樁是將端部帶有活瓣樁尖或預制樁尖的鋼

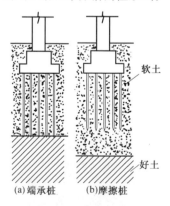

(a)端承樁　　(b)摩擦樁

圖 3.10　樁基礎示意圖

管通過機械沉入土中,至設計標高后,邊灌注混凝土邊慢慢拔出鋼管,同時邊錘擊或振動鋼管使混凝土密實,混凝土在孔中形成椿。椿的直徑一般爲 300 mm。振動灌注椿的優點是造價較低,根據地質情況椿頂標高容易控制,但施工時會産生噪聲和振動。

鑽孔灌注椿是使用鑽孔機械在椿位上鑽孔,取出孔中的土,然后在孔中灌注混凝土,形成混凝土灌注椿。如果在孔中先放入鋼筋骨架再灌注混凝土,就成爲鋼筋混凝土灌注椿。爲了增大椿端的阻力,鑽孔到設計標高時,利用擴孔刀具加大底部直徑,灌注混凝土后成爲帶擴大椿端的灌注椿,這種椿稱爲擴底灌注椿(圖 3.11)。鑽孔椿的優點是振動和噪聲較小,施工方便,造價較低,對周圍房屋沒有影響,如果裝上鑽凍土的鑽頭,冬期也可以施工,因此,這種椿被廣泛采用。但鑽孔灌注椿椿尖處的虛土不易清除,會對椿基的承載力有所影響。

爆擴灌注椿簡稱爆擴椿。成孔方法有兩種:一種是用人工或鑽機成孔;另一種是先鑽一細孔,在細孔內放入藥條(裝有炸藥的塑料管)引爆成孔。然后用炸藥爆炸擴大孔底,灌注混凝土,形成灌注椿(圖 3.12)。因爲爆擴椿有球狀擴大椿端,所以它的承載力較高,施工也不復雜,但炸藥爆炸對周圍房屋有一定影響,市區內受限制,并且使用炸藥也有事故危險。

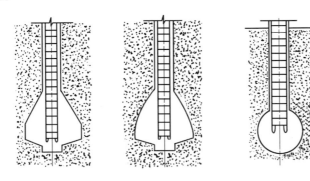

圖 3.11　擴底灌注椿的擴大椿端　　　圖 3.12　爆擴椿的擴大椿

椿的布置與上部結構的承重方式以及荷載的大小等因素有關。當上部爲墙體承重方式時,墙體下的椿成排布置,可以是單排,也可以是雙排;當上部爲骨架承重時,柱子下的椿可以是單根,但一般是對稱的多根。椿距由計算確定,但不得小于 3 倍的椿徑或邊長,擴底椿不宜小于 1.5 倍擴底直徑,椿距的確定還應考慮土類與成椿工藝的影響。椿到承臺邊緣的距離不小于 0.5 倍椿徑或邊長。椿的布置見圖 3.13。

椿的頂部要設置鋼筋混凝土承臺,用來支承上部結構。承臺內的配筋要經過結構計算,并應滿足上部結構的要求。椿的頂部應嵌入承臺內,嵌入深度不宜小于 50 mm;若椿主要用于承受水平力時,嵌入深度不宜小于 100 mm。

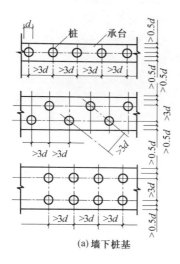

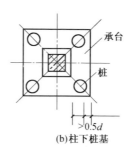

(a)墙下桩基   (b)柱下桩基

圖 3.13　樁的布置示意圖

3.3　影響基礎埋置深度的因素

所謂基礎的埋置深度,是指由室外設計地面到基礎底面的垂直距離。

根據基礎埋置深度的不同,基礎可以分爲深基礎和淺基礎。但深淺沒有明顯界綫,一般認爲,基礎的埋置深度不超過 5 m 時稱爲淺基礎,超過 5 m 屬于深基礎。

從工程造價的角度來看,基礎的埋置深度越小越好,但實際上也不能過淺,以防止地基受到壓力后把四周的土擠走,導致基礎失穩而引起建築物的破壞。另外,地表的土層有大量的植物根莖等易腐物質或垃圾類的雜填土,又受雨雪、寒暑等自然因素的影響較大,也會因機械碰撞等因素而"擾動",這些都是過于淺埋時的不利因素。因此,基礎的埋置深度一般不應小于 500 mm (圖 3.14)。

影響基礎埋置深度的因素有很多種。建築物是否有地下室、地下的設備基礎和地下設施情況、上部荷載的大小、基礎的形式和構造等等,都會影響基礎的埋置深度。當上部的結構確定后,主要考慮下面幾個因素的影響。

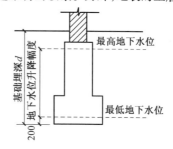

圖 3.14　基礎的埋置深度

3.3.1　地基土層構造的影響

建築物必須建造在堅實可靠的地基土層上,不能建造在承載力低、壓縮性高的軟弱土層上。基礎的埋置深度與土層構造的關系有六種典型的情況(圖 3.15)。

(1)地基土由均匀的、壓縮性小承載力高的好土構成,基礎盡量淺埋,見圖 3.15(a)。

(2)地基土上層爲軟土、下層爲好土,且軟土厚度在 2 m 以内時,基礎應盡量埋在下層

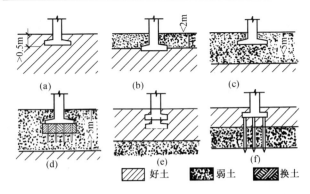

圖 3.15 地基土層分布與基礎埋深的關系

好土上,見圖 3.15(b)。

(3)地基土上層爲軟土、下層爲好土,軟土層厚度爲 2～5 m 時,上部荷載小的建築物基礎盡量爭取淺埋,但應加強上部結構,加大基底面積,必要時對地基進行加固;上部荷載大的建築物的基礎一般在下層好土層上,見圖 3.15(c)。

(4)地基土上層爲軟土、下層爲好土,軟土層厚度超過 5 m 時,上部荷載小的建築物基礎盡量淺埋,必要時加強上部結構、增大基底面積;上部荷載大的建築物,究竟是埋在好土層上還是采用人工地基,要經過經濟比較分析后再確定,見圖 3.15(d)。

(5)地基土上層爲好土、下層爲軟土,如果好土層有足够的厚度,此時的基礎應該爭取淺埋,同時對地基土的下卧層進行驗算,見圖 3.15(e)。

(6)地基土由好土和軟土交替組成,對于荷載小的建築物在不影響下卧層的情况下盡量淺埋于好土內;荷載大的建築物可采用人工地基或椿基礎,見圖 3.15(f)。

3.3.2　地下水位的影響

地基土的含水量會影響它的承載力。比如黏性土隨着含水量的增加,會導致體積膨脹、承載力下降。

在一年當中因各季節雨量不同,地下水位的高低也不同,房屋的基礎如果埋在含水量有變化的地基土層內,對房屋的使用安全和壽命將帶來不利影響。同時,地下水對基礎施工也會帶來一定的困難。因此,房屋的基礎應該爭取埋在最高地下水位綫以上。

如果該地區的地下水位很高,而建築物的基礎又不得不埋得較深時,必須避開地下水位變化的範圍,索性將基礎埋在最低地下水位綫以下不小于 200 mm 的土層內(圖 3.16)。這時基礎要選用有良好耐水性的材料,比如毛石、混凝土、毛石混凝土、鋼筋混凝土等。

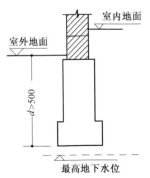

圖 3.16　地下水位較高時的基礎埋深

3.3.3 土的凍結深度的影響

土的凍結深度,主要與當地的氣候有關。

在季節性冰凍地區,如果房屋的地基土屬于凍脹性土,冬天由于地基土的凍脹而將整個房屋拱起,解凍后房屋又將下沉。凍結與融化又是不均勻的,房屋各部的受力也是不均勻的,這都會對房屋的穩定性産生破壞(也就是凍害)。

冬季室外氣溫低的嚴寒寒冷地區,土的凍結深度大。土的凍結是由土中的水分凍結造成的。水分凍結成冰體積膨脹,土隨之而體積膨脹,膨脹的大小跟土中水分的多少以及土的顆粒大小有關。同樣顆粒的土,含水率高的體積膨脹大;同樣含水率的土,顆粒大的體積膨脹反而小(如岩石、沙土等)。按凍脹性地基土分爲不凍脹土、弱凍脹土、凍脹土和強凍脹土。

爲避免房屋受到凍害的影響,建造在凍脹性土地基上的建築物,基礎底面應埋置于冰凍深度以下不小于 200 mm,見圖 3.17(a)。有時依據地基土的凍脹性類別、房屋采暖情況、室内外高差等條件,也可將基礎埋在等于或小于凍結深度的土層内,見圖3.17(b)、(c),具體要經過計算確定。

對于不凍脹土地基中的基礎,埋置深度不受凍結深度的影響。

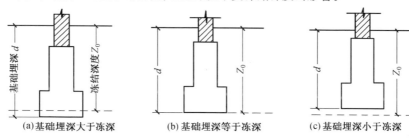

(a)基础埋深大于冻深　　　(b)基础埋深等于冻深　　　(c)基础埋深小于冻深

圖 3.17　土的凍結深度與基礎埋深

3.3.4　相鄰建築物基礎的影響

貼鄰原有建築物建造新的建築物時,不能影響原有建築物的安全。

爲防止原有建築物基礎下地基土的擾動破壞,保證原有建築物的安全,新建房屋基礎的埋置深度,應小于原有房屋基礎的埋置深度。當新建建築物的基礎不得不埋得較深時,新建建築物的基礎必須離開原有建築物的基礎一定的净距離(圖 3.18)。這個距離一般爲這兩個相鄰基礎的底面高差的 1 ~ 2 倍,即

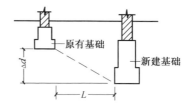

圖 3.18　相鄰基礎的影響

$$L \geqslant (1 \sim 2)\Delta d$$

3.4 地下室及其防潮與防水構造

處在地下的房間稱爲地下室;處在半地下的房間稱爲半地下室。地下室可以增加一些使用空間,提高建築空間的利用率,尤其是對于基礎本身需要埋得較深的高層建築,投資相對增加不多,利用地下室可作爲車庫、設備用房或庫房等。

地下室按照其功能不同來劃分,有普通地下室和人防地下室。人防地下室是指專門設置的戰爭期間人員隱蔽防御的工程,除了有一定厚度、堅固耐久外,還應有防止冲擊波、毒氣以及射綫侵襲的特殊構造。同時,人防地下室應考慮和平時期的利用,做到平戰結合。普通地下室指没有防空功能的普通地下室。

地下室按照構造形式劃分,有全地下室和半地下室。全地下室是指地下室的頂板標高低于室外地坪,無法開高窗采光通風,或者開窗時只能設采光井。人防地下室大多爲全地下室。半地下室則是指地下室的頂板標高高于室外地坪,側墻上可以開設高側窗采光通風,改善室内的使用條件。普通地下室常采用這種形式。

地下室一般由墻、底板、頂板、門和窗、采光井等部分組成(見圖 3.19)。

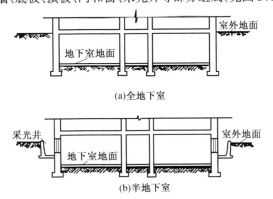

(a)全地下室

(b)半地下室

圖 3.19　地下室的構造組成

地下室的外墻和底板都埋在地下,常年受到土中的水分以及地下水的侵滲,如果不采取相應的構造措施,可能會導致室内墻體抹灰脱落、墻體霉變,室内空氣潮濕,致使儲存的物品因受潮而霉變,嚴重時地下水滲進室内,影響地下室的正常使用。很顯然,地下室需要有能够防止受潮進水的構造措施。具體的構造做法,要根據地下水位的高低而定。

當最高地下水位低于地下室地面,土壤中又没有形成滯水,地下室的外墻和底板是受土壤中的毛細管水的作用,這些水分屬于無壓水,只需要做防潮處理。

所謂滯水是指因土壤的透水性較差,雨水等地面水無法較爲迅速地滲透到地下而暫時積存在地基土中,也屬于無壓水,但量要比毛細管水大。

當地下水位常年高于地下室的地面,地下室的側墻和底板受到有壓水的作用時,在構造措施上必須做防水處理。

3.4.1 地下室的防潮

地下室的防潮處理相對簡單。一般是在外墙的外側做防潮層,常常采用涂刷熱瀝青防潮層的做法。因地下室的底板爲鋼筋混凝土材料,具有一定的抗滲性,只要施工中注意增加它的密實性,可不再考慮防潮構造。

側墙防潮層的具體做法是先抹 20 mm 厚水泥砂漿,然后刷冷底子油一道、熱瀝青兩道。同時,在地下室的底板和頂板處,還應該做墙身水平防潮層各一道(具體做法見第 4 章的墙身細部構造)。

建築物周圍的回填土,在防潮層的外側應用弱透水性土(如黏土、灰土等)回填,并分層夯實,寬度不小于 500 mm,以減少水向地下室外墙的滲透,稱爲隔水層。

地下室的防潮處理見圖 3.20。

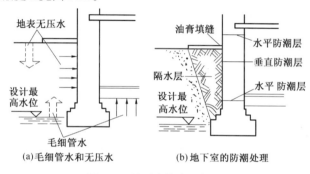

(a)毛细管水和无压水   (b)地下室的防潮处理

圖 3.20　地下室的防潮處理

3.4.2 地下室的防水

地下室的防水構造,根據地下室墙體材料的不同,一般有卷材防水和鋼筋混凝土構件自防水兩種措施。

砌體結構的地下室(比如磚墙),抗滲性差且不宜受潮,一般采用卷材做防水層。

鋼筋混凝土結構的地下室,若墙體也是鋼筋混凝土材料,可以通過提高混凝土自身的密實性達到防水的目的,稱爲構件自防水。

對于防水要求較高的建築物,可以在構件自防水的外側再附加卷材防水層,以確保防水的效果。底板的防水做法與地下室外墙的防水做法應該是一致的,要么都是卷材防水,要么都是構件自防水,要么是構件自防水外加卷材防水。

1.卷材防水方案

地下室的卷材防水根據防水層所處位置的不同分爲外防水和内防水(圖 3.21)。

外防水指防水層粘貼在地下室結構層的外側,處于迎水面上,防水效果較好,一般采用較多。内防水指防水層粘貼在地下室結構的内側,處于背水面,防水效果較差,但便于施工、修補,常用于修繕工程。

對于普通防水卷材防水層的層數,是根據地下水位的最大計算水頭(指最高設計地下水位高于地下室底板下皮的高度)來確定的。最大計算水頭≤3 m 時用三層卷材(即三氈

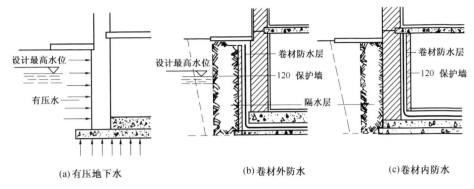

(a)有壓地下水　　　　　(b)卷材外防水　　　　　(c)卷材內防水

圖 3.21　地下室卷材防水構造

四油);最大計算水頭 3～6 m 時用四層卷材;最大計算水頭 6～12 m 時用五層卷材;最大計算水頭 > 12 m 時用六層卷材。采用性能好的防水卷材時層數可適當減少。

外防水的防水層施工時,在地下室外墻表面抹 20 mm 厚 1:3 水泥砂漿找平層,在找平層上粘貼卷材,并保證卷材高度高出最高水位 300 mm。在防水層外要砌半磚厚的保護墻,保護墻與防水層之間的縫隙用水泥砂漿填實,以保證保護墻與防水層接觸良好。外防水的保護墻下干鋪油氈一層,沿長度方向每隔 5～8 m 設通高的垂直斷縫,保證保護墻在土的側壓力下緊緊壓向防水層。

墻身上的垂直防水層與地下室底板的水平防水層在轉角部位的交接,必須牢固可靠,確保防水效果,處理不當將導致滲漏。外防水常見的有回接法和換接法兩種處理方法。

2.構件自防水方案

當地下室的墻體采用鋼筋混凝土結構時,可以與底板一起采用防水混凝土澆築,使構件同時具有承重、圍護、防水三種功能。因爲混凝土本身的防水性能就較好,可以利用改善混凝土的級配、適當延長振搗時間等措施,提高混凝土的密實性和抗滲性,或者在混凝土中添加外加劑,制成防水混凝土。構件自防水與再在其外做卷材防水層相比,造價較低,施工簡便。

爲保證混凝土的抗滲效果,防水混凝土墻和底板的厚度不能太薄,一般墻的厚度應不小于 250 mm;板的厚度應不小于 150 mm。

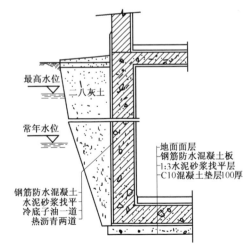

圖 3.22　地下室構件自防水構造

一般應在混凝土外墻上抹水泥砂漿后,涂刷熱瀝青兩道,以防止地下水的侵蝕。

地下室鋼筋混凝土構件自防水的構造見圖 3.22。

3.5 管道地溝與管道穿基礎

3.5.1 管道地溝

在民用建築中,無論采暖管道還是給排水管道,進户干管均須埋地敷設,對環境質量要求較高的高級建築物,電纜進户綫也應埋地敷設。各種埋地敷設的工程管綫,或直埋或管溝敷設,爲便于維修采暖管道常常采用管道地溝敷設的方式。

管道地溝由底板、側墙和蓋板組成。底板一般爲水泥砂漿砌磚或澆注混凝土,土質較好的也可直接砌築側墙。側墙一般采用水泥砂漿砌磚,蓋板爲預制鋼筋混凝土蓋板。

管道敷設的方式根據地溝而定。對于不通行地溝,一般沿板底敷設,并在管道接口處用混凝土支座加以支撑,電纜可用支架沿溝壁敷設。對于半通行或通行式地溝,管道一般沿溝壁敷設于管道支架上,以便于維修。

3.5.2 管道穿基礎

供熱采暖管道、室内給排水管道以及電氣管綫進户時,都會與建築物的基礎和基礎墙發生關系。

采暖系統的供熱水平干管和回水水平干管,一般通過采暖地溝的形式敷設,管道須穿過建築物的基礎或者基礎墙。有時也采用架空敷設,在室外縱横交錯,影響外部環境,民用建築多用于改造工程,工業建築可以采用這種形式。室外給水排水管網都埋在地下,通向室内的給水干管和房屋通向室外的排水干管,也必須穿過房屋外墙的基礎或基礎墙。電氣管路的進户綫采用埋地電纜穿管施工時,也要穿越建築物的基礎墙。

管道穿基礎或基礎墙時,應按施工圖紙上標注的管道平面位置及標高,在基礎施工時,預埋管道套管或預留裝設管道的孔洞。混凝土和鋼筋混凝土結構一般是埋設套管;砌體結構則預留孔洞。

預留孔洞尺寸見表 3.1。

表 3.1 預留孔洞尺寸與管徑的關系

管道穿基礎預留洞尺寸		
管徑 d/mm	$50 \sim 75$	$\geqslant 100$
預留洞尺寸(寬×高)/mm	300×300	$(d+300)(d+200)$

當預留孔洞的尺寸較大時,應在其上部設置過梁,將上部荷載傳至兩側墙體。敷設管道后周圍的縫隙,用黏土填實,兩端用 1:2 水泥砂漿封口,見圖 3.23(a);或者先封堵瀝青麻絲,再抹石棉水泥,最后兩端用 1:2 水泥砂漿封口。

要盡量避免管道從基礎下面穿過,因爲管道敷設時會使原始狀態的地基土變得疏松,必須經過處理后才能施工基礎。但這種情况有時也是難以避免的,比如基礎的埋置深度很小而管道的埋置深度却很深時,管就不得不從基礎下進入室内,見圖 3.23(b)。

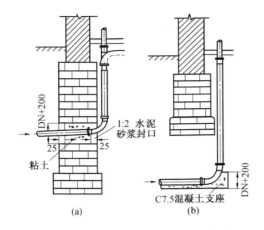

圖 3.23　管道穿基礎的構造

　　供電導綫或電纜埋地敷設時,一般不宜穿建築物和設備的基礎,防止基礎在有沉降發生時引起綫路的破壞。必須穿基礎時要穿管保護,使它具有足够的强度抵抗基礎的沉降。一般穿綫管采用無縫鋼管,且管内導綫必須是没有接頭完整無損的整根導綫。與其他管道穿基礎的構造一樣,基礎墙内要預埋套管或預留孔洞。

　　地下水位較高地區的建築物,要做好管道穿基礎處的防水處理。

復習思考題

1.什么是地基? 什么是基礎? 地基、基礎、荷載有什么關系?

2.地基土如何分類? 地基如何分類?

3.基礎按材料和受力特點分有哪些類型?

4.什么是無筋擴展基礎? 無筋擴展基礎有哪些類型? 無筋擴展基礎有什么特點?

5.什么是擴展基礎? 擴展基礎有什么特點?

6.基礎按構造形式分有哪些類型? 適用範圍是什么?

7.椿基礎有哪些形式?

8.影響基礎埋置深度的因素有哪些?

9.地下室有哪些類型? 地下室的構造組成有哪些?

10.地下室的防潮或者防水如何確定?

11.地下室的防潮一般采取哪種做法?

12.地下室的防水有哪些處理方法?

13.管道如何穿基礎?

第4章 牆 體

4.1 牆體的類型與要求

在一般磚混結構房屋中,墙體是主要的承重構件;墙體的重量占建築物總重量的40% ~ 45%,墙的造價占全部建築造價的30% ~ 40%。在其他類型的建築中,墙體可能是承重構件,也可能只是圍護構件,但它所占的造價比重也較大。因而在工程設計中,合理的選擇墙體材料、結構方案及構造作法十分重要。

4.1.1 牆體的類型

建築物的墙體根據所在位置、受力情況、材料及施工方法的不同有如下幾種分類方式。

1.牆體按所在位置分類

墙體按所處位置不同可分爲外墙和内墙、縱墙和橫墙。位于房屋周邊的墙統稱爲外墙。它主要是抵御風、霜、雨、雪的侵襲和保溫、隔熱,起圍護作用。凡位于房屋内部的墙統稱爲内墙。它主要起分隔房間的作用。沿建築物短軸方向布置的墙稱爲橫墙,有内橫墙和外橫墙,外橫墙也叫山墙。沿建築物長軸方向布置的墙稱爲縱墙,又有内縱墙和外縱墙之分。對于一片墙來説,窗與窗之間和窗與門之間的墙稱爲窗間墙。墙體各部分名稱見圖4.1。

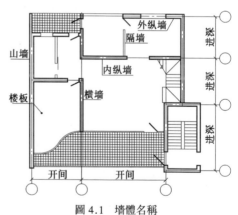

圖 4.1 墙體名稱

2.牆體按受力狀况分類

墙體按結構受力情況分爲承重墙和非承重墙。承重墙承受上部結構傳來的荷載;非承重墙不承受外來荷載。非承重墙又可分爲兩種:一是自承重墙,不承受外來荷載,僅承受自身重量并將其傳至基礎;二是隔墙,起分隔房間的作用,不承受外來荷載,并把自身重量傳給梁或樓板。框架填充墙就是隔墙的一種。懸挂在建築物外部的輕質墙稱爲幕墙,包括金屬幕墙和玻璃幕墙。

3.牆體按材料分類

墙體按所用材料分種類很多。用磚和砂漿砌築的墙稱爲磚墙;用石塊和砂漿砌築的墙稱爲石墙;用土坯和黏土砂漿砌築的墙或在模板内填充黏土夯實而成的墙稱爲土墙;另外還有混凝土墻、砌塊墻等。

4.按構造方式分類

墻體按構造方式不同有實體墻、空體墻和復合墻三種。實體墻是由普通黏土磚及其他實體砌塊砌築而成的墻體；空體墻是由普通黏土磚砌築的空斗墻或由空心磚砌築的具有空腔的墻體；復合墻是由兩種或兩種以上的材料組合而成的墻體，見圖 4.2。

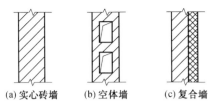

(a) 实心砖墙　　(b) 空体墙　　(c) 复合墙

圖 4.2　墻的種類

5.按施工方法分類

墻體按施工方法不同有叠砌墻、板築墻和裝配式板材墻三種。叠砌墻是將各種預先加工好的塊材，如黏土磚、灰砂磚、石塊、空心磚、中小型砌塊，用膠結材料(砂漿)砌築而成的墻體；板築墻則是在施工時，直接在墻體部位竪立模板，在模板內夯築黏土或澆築混凝土振搗密實而成的墻體，如夯土墻、混凝土墻、鋼筋混凝土墻等；裝配式板材墻是將工廠生產的大型板材運至現場進行機械化安裝而成的墻體，這種墻面積大，施工速度快，工期短，是建築工業化的發展方向。

4.1.2　牆體的承重方案

墻體通常有以下四種承重方案：

1.橫牆承重方案

適用于房間使用面積不大，墻體位置比較固定的建築物，如住宅、宿舍、旅館等。可按房屋的開間設置橫墻，樓板兩端擱置在橫墻上，橫墻承受樓板等外來荷載，連同自身的重量傳給基礎。橫墻的間距即樓板的標志長度，也就是開間尺寸，一般在 4.2 m 以內較爲經濟。橫墻承重方案橫墻數量多，房屋的空間剛度大，整體性好，對抗風、抗震和調整地基不均勻沉降有利。但是建築空間組合靈活性較差。在橫墻承重方案中，縱墻起圍護、分隔和將橫墻連成整體的作用，它只承擔自身的重量，所以對在縱墻上開門窗洞口的限制較少，見圖 4.3(a)。

2.縱牆承重方案

適用于房間使用上要求有較大空間，墻體位置在同層或上下層之間可能有變化的建築，如教學樓中的教室、閱覽室、實驗室等。通常把大梁或樓板擱置在內、外縱墻上。此時縱墻承受樓板自重及活荷載，連同自身的重量傳給基礎和地基。在縱墻承重方案中，由于橫墻數量少，房屋剛度差，應適當設置承重橫墻，與樓板一起形成縱墻的側向支撐，以保證房屋空間剛度及整體性的要求。縱墻承重方案空間劃分較靈活，但設在縱墻上的門、窗大小和位置將受到一定限制。相對于橫墻承重方案來說，縱墻承重方案樓板材料用量較多，見圖 4.3(b)。

3.縱橫牆承重方案

適用于房間變化較多的建築，如醫院、實驗樓等。可根據需要布置，房間中一部分用橫墻承重，另一部分則用縱墻承重，形成縱橫墻混合承重方案。此方案建築組合靈活，空間剛度好，墻體材料用量較多，適用于開間、進深變化較多的建築，見圖 4.3(c)。

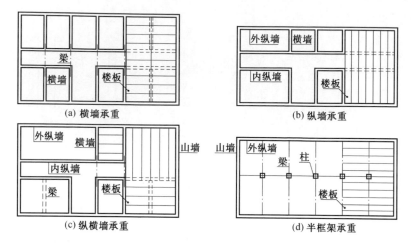

圖 4.3　墻體結構布置方案

4.部分框架承重方案

當建築需要大空間時,如商店、綜合樓等,采用内部框架、四周墻體承重,樓板自重及活荷載傳給梁、柱或墻。房屋的整體剛度主要由框架保證,因此水泥及鋼材用量較多,見圖 4.3(d)。

4.1.3 牆體的要求

1.滿足强度和穩定性要求

强度是指墙體承受荷載的能力。在混合結構中,墙除承受自重外,主要支承整個房屋的荷載。設計墙時要根據荷載及所用材料的性能,通過計算確定墙身的厚度。地震地區還應考慮地震作用下墙體承載力。一般磚墙的强度與所用磚的標號、砂漿標號及施工技術有關。

墙體的穩定性與墙的高度、長度、厚度等關系很大。在施工中要求傾斜度不得超出其允許誤差。墙本必須保證一定的高厚比。

2.滿足熱工性能要求

墙除了防御風、雨、霜、雪等自然現象的直接侵襲外,還應滿足熱工方面的要求。也就是冬天保温、夏天隔熱,并防止内部表面結露與空氣渗透等問題。

在冬季采暖地區,爲减少室内熱量的散失,要求墙體應具有足够的熱阻(圖 4.4)。墙體熱阻的大小直接影響墙的保温或隔熱性能,影響建築的節能效果。爲增加墙體熱阻,提高外墙保温能力,可以從以下幾個方面入手:

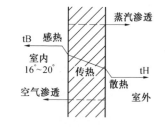

圖 4.4　圍護結構中熱的傳播途徑

(1)增加外墙厚度。如北方地區爲保温需要,常將墙厚由一磚墙增加爲一磚半墙或兩磚墙。

(2)選用熱阻大、導熱系數小的材料作爲墙體。這些材料孔隙率高、容重小、保温效果好，但往往强度不高，不能承受較大的荷載，一般用作框架填充墙等。也可用復合材料作爲墙體。例如可以用加氣混凝土作保温材料與鋼筋混凝土承重墙組成復合墙。

(3)防止出現凝結水。如果墙內温度低于露點時，蒸汽就在墙內産生凝結水，這時會使墙體的保温性能降低。如果在圍護結構內表面或內部出現蒸汽凝結現象，不但會影響圍護結構的保暖性能，影響正常使用，而且也嚴重地影響了圍護結構本身的耐久性。構造處理上一般將導熱系數小的保温材料放在温度低的一邊，并在高温一側設置隔蒸汽層，阻止水蒸氣進入保温層內。隔蒸汽層常用卷材、防水涂料或薄膜等材料。

(4)防止空氣滲透。由于風壓及室內外温度差(熱壓)的作用，空氣往往由高壓通過圍護結構的空隙流向低壓一側，稱爲空氣滲透。由熱壓引起的滲透，空氣從室內向外滲透；由風壓引起的滲透，室外冷空氣由臨風方面向內滲透，使室內温度引起變化。避免空氣滲透的措施，有選擇密實度高的墙體材料、砌築密實、墙體內外加抹灰層、加强門窗等構件連接處的密封處理等。

炎熱地區夏季太陽輻射强烈，爲避免室外熱量傳入室內，外墙應具有足够的隔熱能力，外墙的隔熱一般可采取以下措施：

(1)選用熱阻大、容重大的墙體材料，減少外墙表面的温度波動，提高其熱穩定性。如磚墙、土墙等。

(2)選用外表面光滑、平整、淺色的墙體材料，以增加對太陽的反射能力。

(3)建築布局合理，朝向良好，避免西曬，通風條件好，門窗洞口位置、大小、開啓方式合適，并盡量避免陽光直射室內。

3.滿足隔聲要求

聲音的大小在聲學中用聲强級來表示，單位爲"分貝"(dB)。建築物各類主要用房的允許噪聲級不應大于表 4.1 中數值。爲了避免來自室外或相鄰房間的噪聲干擾，要求墙體必須有一定的隔聲能力。一般雙面抹灰的一磚墙(240 mm 厚)，隔聲量可達 45 dB，基本能滿足隔聲要求。半磚墙(120 mm 厚)的隔聲量約爲 30 dB。

表 4.1 允許噪聲級

用房類別	允許噪聲級/dB
睡眠用房	50(晝)、40(夜)
無特殊安静要求的房間	55
有語音消晰要求的用房	50
有音質要求的用房	40

4.其他方面的要求

(1)防火要求：應根據建築物的耐火等級選擇燃燒性能和耐火極限符合防火規範規定的材料。在面積較大的建築中，有時需要設置防火墙，將建築物分成若干區段，以防止火灾蔓延。

(2)防水防潮要求：衛生間、厨房、實驗室等有水的房間及地下室的墙應采取防水、防潮措施。選擇合適的防水材料和構造做法，保證墙體的堅固耐久性，使室內有良好的衛生環境。

(3)建築工業化要求:在大量民用建築中,墻體工程量占相當的比重。墻的重量約占建築總重量的 40%~65%,造價占 30%~40%,同時勞動力消耗大,施工工期長。因此,墻體改革是建築工業化的關鍵性步驟,必須改變手工生產及操作,提高機械化施工程度,提高工效,降低勞動強度,并應采用輕質高強的墻體材料,以減輕自重,降低成本。

4.2　牆體的材料與性能

墻體根據所用材料的不同有多種類型。主要有磚墻、預制砌塊墙、地方材料墙及幕墻等。

4.2.1　磚牆

磚墙包括磚和砂漿兩種材料,磚墙是用砂漿將磚塊按一定規律砌築而成的砌體。

1.磚

磚的種類很多,從材料上分有黏土磚、灰砂磚、水泥磚、煤矸石磚、頁岩磚及各種工業廢料磚(如爐渣磚)等。從形狀上看有實心磚及多孔磚,其中普通黏土實心磚使用最爲普遍。普通黏土磚是以黏土爲原料,經成型晾干后焙燒而成。其颜色有青磚和紅磚之分,開窑后自行冷却者爲紅磚,若在出窑前浇水悶干者,使紅色的三氧化二鐵(Fe_2O_3)還原成青色的四氧化三鐵(Fe_3O_4),即爲青磚,青磚多爲手工磚,強度較低,僅能達到 MU7.5 以下。

普通黏土磚是全國統一規格,稱爲標準磚,尺寸爲 240 mm × 115 mm × 53 mm。磚的長寬厚之比爲 4:2:1(加灰縫),在砌築時,上下錯縫方便靈活,標準磚每塊重量約爲 25 N,適合手工砌築。磚按強度等級分爲 MU30、MU25、MU20、MU15、MU10、MU7.5 六個等級。

2.砂漿

砂漿是由膠結材料(水泥、石灰、黏土)和填充材料(砂、石屑、礦渣、煤渣屑、粉煤灰或廢模型砂)用水按不同比例攪拌而成。它們的配合比取决于結構要求的強度及和易性。

砌築砂漿通常有水泥砂漿、石灰砂漿及混合砂漿三種。水泥砂漿強度高,防潮性能好,主要用于受力和防潮要求高的墻體;石灰砂漿強度和防潮性能均差,但和易性好,多用于強度要求低的墻體;混合砂漿由水泥、石灰、砂拌和而成,和易性較好,使用最廣泛。

砂漿的強度等級分爲七級:M15、M10、M7.5、M5、M2.5、M1 和 M0.4。常用砌築砂漿爲 M1~M5 幾個等級。

3.磚砌體的強度

從結構角度稱磚墙爲砌體,砌體的強度是由磚和砂漿的強度等級决定的。采用不同種類和規格磚砌築的墻體能滿足關于強度、保温、隔熱及隔聲等不同方面的要求。工程實踐中采用優先提高磚的強度等級,其次考慮提高砌築砂漿的強度等級來提高砌體強度。

4.2.2　砌塊牆

目前,我國砌塊類型較多,根據材料分有混凝土、輕骨料混凝土、加氣混凝土砌塊以及利用各種工業廢渣、粉煤灰、煤矸石等制成的無熟料水泥煤渣混凝土和蒸養粉煤灰硅酸鹽砌塊等;根據品種分有實體砌塊、空心砌塊和微孔砌塊等;根據重量和尺度分有小型砌塊、中型砌塊和大型砌塊等。

我國各地所采用的砌塊,其規格、類型極不統一。但從使用情況看,以中、小型砌塊居多。在砌塊規格定型上有兩種發展趨勢:

①一種是向小型方向發展。小型砌塊靈活多變,適應面廣,能以手工砌築并滿足各種建築物對墻體的使用要求。在國外被大量采用,我國廣東、廣西及貴州等省正在積極推廣。

②另一種是向中、大型方向發展,可提高勞動生產率和機械化程度,以適應建築工業化程度的不斷提高。由于砌塊的尺寸大,型號種類又不能過多,故不像小型砌塊那樣靈活多變,從而在使用上受到一定限制。目前國內在浙江、四川、上海、天津、武漢等省市正推廣使用。

爲適應施工要求,無論小型、中型或大型砌塊,一般都有一、二種尺寸較大的主要塊和爲錯縫搭接、填充需要而設的輔助塊和補充塊。它們的厚度和高度尺寸基本一致,唯長度方向有所不同。通常,輔助塊是主要塊的1/2,而補充塊又往往是輔助塊的1/2。

4.2.3 地方材料墻

包括石材墻、土墻、統砂墻、竹笆墻等。石材墻是用天然石材按一定方式砌築而成的,主要用于山區和産石區;石材墻又分爲毛石墻、整石墻和包石墻等做法。土墻是用土坯和黏土砂漿砌築的墻或在模板內填充黏土夯實而成的墻。

4.2.4 玻璃幕墻

幕墻,通常是指懸挂在建築物結構框架表面的輕質外圍護墻。玻璃幕墻主要是指用玻璃這種飾面材料,覆蓋在建築物的表面所形成的外圍護墻。玻璃幕墻制作技術要求高,且投資大、易損壞、耗能大,所以一般用于等級較高的公共建築中。

玻璃幕墻的材料與性能如下:

組成玻璃幕墻的主要部分是幕墻框架和裝飾性玻璃,此外還需要各類連接件、緊固件、裝修件及密封材料作配套。

一般玻璃幕墻大多采用型鋼或鋁合金型材作爲骨架構成框架,用以傳遞荷載;也有由玻璃自承重的幕墻,這種玻璃幕墻被稱爲"無骨架玻璃幕墻"或"全景玻璃幕墻",通常用于建築物靠近地面部分,可以不遮擋視綫。

幕墻框架有橫框、竪框之分。有框玻璃幕墻除常見的將飾面玻璃嵌固在金屬框架內這種明框的固定方式外,還有兩種較爲獨特的固定方式。其一爲隱蔽骨架式,這種方式立面上看不出骨架與窗框,是較新穎的一種玻璃幕墻。其主要特點是玻璃的安裝不是嵌入鋁框內,而是用高強度黏合劑將玻璃黏接在鋁框上,所以從外立面看不見骨架與邊框。其二爲骨架直接固定式。它的特點是不用鋁合金邊框,僅用特制的鋁合金連接板,連接板周邊與骨架用螺栓錨固,然后將玻璃與連接板固定。

玻璃幕墻所用的飾面玻璃,主要有熱反射玻璃(俗稱"鏡面玻璃")、吸熱玻璃(亦稱"染色玻璃")、中空雙層玻璃及夾層玻璃、夾絲玻璃、鋼化玻璃等品種。另外,各種無色或着色的浮法玻璃也常被采用。從這些玻璃的特性來看,通常將前三種玻璃稱爲"節能玻璃",將夾層玻璃、夾絲玻璃及鋼化玻璃等稱爲"安全玻璃"。而各種浮法玻璃,僅具有機械磨光玻璃的光學性能,兩面平整、光潔,而且板面規格尺寸較大。玻璃原片厚度有 3～12 mm 等不同規格,色彩有無色、茶色、藍色、灰色、灰綠色等。

玻璃幕墻需要各種連接件與緊固件,通過它們將主體結構、幕墻骨架和飾面玻璃聯系在一起。連接件起連接、轉接、支承等作用,一般由型鋼或鋁合金型材根據需要加工成各種形狀;它與主體結構中的預埋鐵件及幕墻骨架一般通過焊接或用緊固件固定的方法連接。常用的緊固件有膨脹螺栓、鋁拉釘、射釘等。

玻璃幕墻中的裝修件包括后襯板(墻)、扣蓋件以及窗臺、樓地面、踢脚、頂棚等構部件,起密閉、裝修、防護等作用。密封材料有密封膏、密封帶、壓縮密封件等等,起密閉、防水、防火、保溫、絕熱等作用。此外,還有窗臺板、壓頂板、泛水、防結凝、變形縫等專用件。

4.3 磚牆的尺寸、組砌方式及細部構造

我國從戰國時期采用磚墻至今已有兩千多年的歷史。磚墻取材容易,制造簡單,既可承重,又具有一定的保溫、隔熱、隔聲、防火性能,施工操作也十分簡便易行,所以能沿用至今;但從目前看,磚墻也存在不少缺點:如施工速度慢、勞動强度大,自重大,特別是黏土磚占用大量農田,所以,磚墻有待于改革。

4.3.1 磚牆的尺寸

磚墻的基本尺寸指的是厚度和墻段長度兩個方向的尺寸。要確定它們的數值除了應滿足結構和功能設計要求之外,還必須符合磚的規格,以標準磚爲例,根據磚塊尺寸和數量,再加上灰縫,即可組成不同的墻厚和墻段。

1.墻厚

墻厚與磚規格尺寸的關系如圖 4.5 所示。常見磚墻厚度見表 4.2。

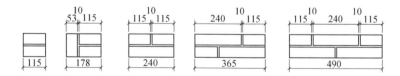

圖 4.5 墻厚與磚規格的關系

表 4.2 標準磚牆厚度

墻　　厚	名　　稱	尺寸/mm
1/4 磚墙	6 墙	53
1/2 磚墙	12 墙	115
3/4 磚墙	18 墙	178
1 磚墙	24 墙	240
$1\frac{1}{2}$ 磚墙	37 墙	365
2 磚墙	49 墙	490

2.磚牆洞口及牆段尺寸

磚牆洞口主要是指門窗洞口,其尺寸應按模數協調統一標準制定。一般 1 000 mm 寬以下的門洞寬均采用基本模數 1 M 的倍數,如 700 mm、800 mm、900 mm,1 000 mm 等;超過 1 000 mm 寬的門洞及一般的窗洞口寬度采用擴大模數 3 M 的倍數,如 600 mm、900 mm、1 200 mm、1 500 mm、1 800 mm 等。

墙段尺寸是指窗間墙、轉角墙等部位墙體的長度(圖 4.6)。墙段內磚塊和灰縫組成,普通黏土磚寬度尺寸爲 115 mm 加上 10 mm灰縫寬,共計 125 mm,并以此爲磚的組合模數基礎。按此磚模數得出的墙段尺寸有:240、370、490、620、740、870、990、1 120、1 240等數列。

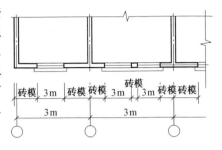

圖 4.6　磚墙的洞口及墙段尺寸

4.3.2　磚牆的組砌方式

1.實砌磚牆

磚墙的組砌方式(砌式)是指磚在砌體中排列的方式。爲了保證磚墙堅固,磚墙組砌應遵循內外搭接、上下錯縫的原則。錯縫長度一般不應小於 60 mm。同時也應便於砌築和少砍磚。砌築時應避免出現連續的垂直通縫,否則將顯著影響墙的強度和穩定性(圖 4.7)。

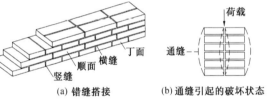

圖 4.7　墙的錯縫搭接及磚縫名稱

在實砌磚墙砌法中,把磚的長方向垂直于墙面砌築的磚叫丁磚,把磚的長度平行于墙面砌築的磚叫順磚。上下皮之間的水平灰縫稱橫縫,左右兩塊磚之間的垂直縫稱竪縫。丁磚和順磚應交替砌築,灰漿飽滿,橫平竪直。圖 4.8爲普通磚墙常見的組砌方式。

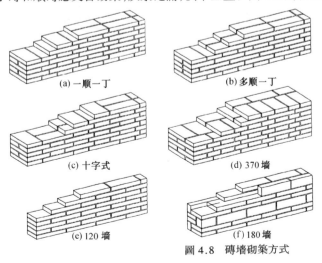

(a) 一順一丁　　(b) 多順一丁

(c) 十字式　　(d) 370 墙

(e) 120 墙　　(f) 180 墙

圖 4.8　磚墙砌築方式

2.空斗牆

空斗磚墙在我國使用已有很悠久的歷史,尤其在南方地區,過去采用薄磚砌築,作爲圍護墙,應用比較廣泛。現在采用標準磚砌築的空斗墙,厚度一般爲一磚,可作爲承重墙。空斗墙節省材料,熱工性能也比較好。

在空斗磚墙砌法中,將平鋪砌的磚稱爲眠磚,將側立砌的磚稱爲斗磚。圖4.9爲空斗墙幾種常見砌式。

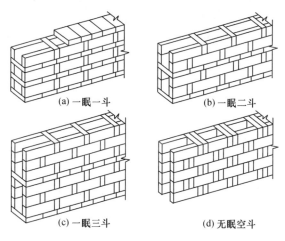

(a) 一眠一斗　　　　　　　(b) 一眠二斗

(c) 一眠三斗　　　　　　　(d) 无眠空斗

圖4.9　空斗墙砌式

4.3.3　磚牆的細部構造

爲了保證磚墙的耐久性和墙體與其他構件連接的可靠性,必須對一些重點部位加强構造處理。

1.牆脚構造

墙脚是指建築物基礎以上至室内地面以下的那部分墙體。由于墙脚所處的位置及磚砌體本身所存在的毛細孔,常會有地表水和土壤中水滲入,致使墙身受潮、飾面層脱落、影響室内環境。墙脚的構造包括墙身防潮、勒脚和散水構造。

(1)墙身防潮

墙身防潮的方法是在墙脚處鋪設水平防潮層,防止土壤和地面水滲入磚墙體。

1)防潮層的位置。當室内地面墊層爲混凝土等密實材料時,防潮層的位置應設在墊層範圍内,一般位于室内地坪面以下60 mm處墙體内,同時還應保證至少高于室外地面150 mm,防止雨水濺濕墙面。當地面墊層爲透水材料時(如爐渣、碎石等),水平防潮層的位置應平齊或高于室内地面。當内墙兩側地面出現高差時,應在墙身内設高低兩道水平防潮層,并在土壤一側設垂直防潮層。

2)防潮層的做法。墙身防潮層的構造做法通常有以下三種。

①油氈防潮層,先抹20 mm厚1:3水泥砂漿找平層,上鋪一氈二油,這種做法防潮效果好,但耐久性差,整體性和抗震性也較差,不宜用在剛度要求高的墙體及地震地區。

②防水砂漿防潮層,采用1:2水泥砂漿加3%~5%的防水劑,厚度爲20~25 mm,或

用它砌 3～5 皮磚。

③細石混凝土防潮層,澆築 60 mm 厚細石混凝土帶,内配 2～3 根 ϕ6 或 ϕ8 鋼筋(圖 4.10)。

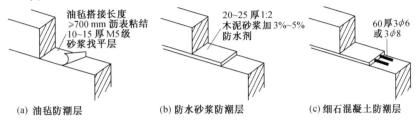

(a) 油毡防潮层 　　　　 (b) 防水砂浆防潮层 　　　　 (c) 细石混凝土防潮层

圖 4.10　墙身水平防潮層

如果墙脚採用不透水的材料(如條石或混凝土等),或設有鋼筋混凝土地圈梁時,也可以不設防潮層。

(2)勒脚構造

勒脚是外墙的墙脚,它不但受到土壤中水分的侵蝕,而且雨水、地面積雪以及外界機械作用力也對它形成危害,所以要求除設墙身防潮層外,還應加强其堅固性和耐久性。

一般採用以下幾種構造作法(圖 4.11)。

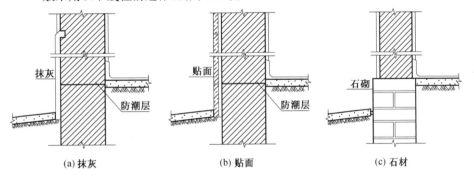

(a) 抹灰 　　　　　　 (b) 貼面 　　　　　　 (c) 石材

圖 4.11　勒脚的構造

①加强勒脚表面抹灰可采用 20:1:3 水泥砂漿抹面,以增加牢度和提高防水性能。

②勒脚鑲貼天然或人工石材、面磚等。耐久性强、裝飾效果好。

③勒脚部位增加墙厚度或改用堅固耐久的材料,如條石、混凝土等材料。

(3)散水及明溝構造

散水又稱護坡,沿建築物四周設置。它的作用是防止雨水及室外地表積水滲入勒脚及基礎。散水由内向外設置 5% 左右的排水坡度將雨水排離建築物。散水寬度一般爲 600～1 000 mm,當屋頂有出檐時,要求其寬度比出檐寬出 200 mm。圖 4.12 爲常見散水做法。

明溝又稱陽溝,它與散水一樣位于建築物四周,其作用在于將雨水有組織地導向地下排水井(窨井)而流入雨水管道。明溝一般用混凝土現澆,也可以用磚砌或毛石砌(如圖 4.13)。

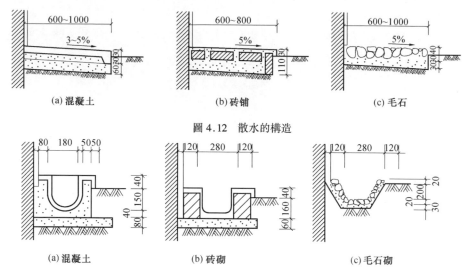

(a)混凝土　　　　　　　(b)砖铺　　　　　　　(c)毛石

圖 4.12　散水的構造

(a)混凝土　　　　　　　(b)砖砌　　　　　　　(c)毛石砌

圖 4.13　明溝的構造

如明溝與墙之間留有距離,可處理成帶散水的明溝。

磚砌明溝可加配筋細石混凝土活動蓋板,稱爲排水暗溝。

2.門窗過梁與窗臺

(1)門窗過梁

當墙體上開設門、窗洞口時,爲支承洞口上部砌體傳來的各種荷載,并將其傳到洞口兩側的墙體上,常在洞口上方設置橫梁,這種橫梁稱爲過梁。根據材料及構造方式不同,常見過梁有以下三種:

①平拱磚過梁。平拱磚過梁是我國傳統做法(圖 4.14)。拱高一磚,用磚竪砌或側砌。砌築時對稱于跨中。灰縫上寬下窄使磚向兩側傾斜約 $30 \sim 50$ mm,拱端伸入墙支座 $20 \sim 30$ mm,同時將拱的中部磚塊提高約爲跨度的 1/50,即所謂起拱。

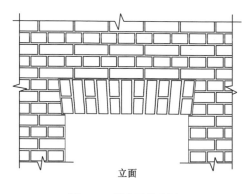

立面

圖 4.14　磚砌平拱過梁

平拱磚過梁可節省鋼筋與水泥,但施工速度慢,常用于非承重墙上的門窗,洞口寬度不宜超過 1.2 m。上部有集中荷載或振動荷載時不宜采用。

②鋼筋磚過梁。鋼筋磚過梁是在洞口頂部磚縫内配置鋼筋,形成能承受彎矩的加筋磚砌體(圖 4.15)。通常用 φ6 鋼筋,間距小于 120 mm。鋼筋放在第一皮磚下面 30 mm 厚的砂漿層内。鋼筋伸入兩端墙内至少 240 mm,并向上彎鈎。爲使洞口上部砌體與鋼筋構成整體過梁,從配置鋼筋的上一皮磚起,在相當于 1/4 跨度的高度範圍内(一般不少于 5 皮磚)用不低了 M5 的水泥砂漿砌築。鋼筋磚過梁適合于跨度大于 2 m、上部無集中荷載的洞口。

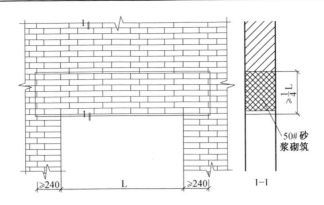

圖 4.15　鋼筋磚過梁

③鋼筋混凝土過梁。鋼筋混凝土過梁承載能力强,可用于較寬的門窗洞口,對房屋不均匀下沉或振動有一定的適應性,所以應用最爲廣泛。

鋼筋混凝土過梁有現澆和預制之分,預制裝配式施工速度快,很受歡迎。過梁斷面通常采用矩形,以利于施工。梁高應按結構計算確定,且應配合磚的規格尺寸,如普通黏土磚墻内常取 60 mm、120 mm、180 mm、240 mm 等,過梁寬度一般同磚墻厚,其兩端伸入墻内支承長度不小于 240 mm。過梁的斷面形式常須配合建築立面處理,見圖 4.16。

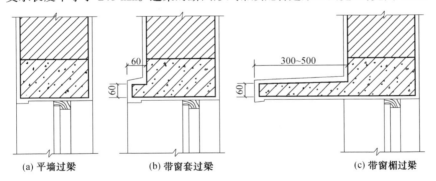

(a) 平墙过梁　　　　(b) 带窗套过梁　　　　　　(c) 带窗楣过梁

圖 4.16　鋼筋混凝土過梁

由于鋼筋混凝土的導熱系數大于磚的導熱系數,在寒冷地區爲了避免熱橋的出現,可采用"L"形截面或組合式過梁,砌體把過梁包起來(圖 4.17)。

(2)窗臺

窗臺的作用是迅速排除沿窗扇下淌的雨水,防止其滲入墻身或沿窗縫滲入室内,并避免雨水污染外墻面。處于内墻或陽臺等處的窗,不受雨水侵襲,可不必設挑窗臺。外墻面爲面磚、金屬外墻面板等防水防污性能較好的裝修材料時,也可不挑窗臺。

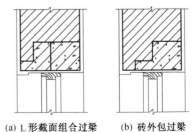

(a) L形截面組合过梁　　(b) 砖外包过梁

圖 4.17　寒冷地區鋼筋混凝土過梁

窗臺根據用料不同,一般有磚砌窗臺和預制混凝土窗臺之分(圖4.18)。磚砌窗臺造價低,砌築方便,故采用較多。磚砌窗臺有平砌和側砌兩種。窗臺表面應做抹灰或貼面處理,側砌窗臺可做水泥砂漿勾縫的清水窗臺。窗臺表面應形成一定的排水坡度。并應注意抹灰與窗下檻的交接處理,防止雨水向室內滲入。

窗臺應向外出挑60 mm。挑窗臺下做滴水槽或涂抹水泥砂漿,引導雨水垂直下落不致影響窗下牆面。窗臺長度最少每邊應超過窗寬120 mm。

(a) 平砌磚窗台　　　(b) 側砌磚窗台　　　(c) 預制混凝土窗台

圖4.18　窗臺構造

3. 牆體加固措施

在多層混合結構房屋中,牆體常常不是孤立的。它的四周一般均與左右、垂直牆體以及上下樓板層或屋頂層相互聯系。牆體通過這些聯系達到加強其穩定性的作用。

當牆身由於承受集中荷載、開洞和考慮地震的影響,致使穩定性有所降低時,必須采取加強措施,通常采取以下措施:

(1)增加壁柱和門垛

當牆體受到集中荷載而牆厚又不足以承受其荷載時,或當牆身的長度和高度超過一定的限度并影響到牆體穩定性的情況下,常在牆體適當位置增設凸出牆面的壁柱(又稱扶壁)以提高牆體剛度。通常壁柱突出牆面120 mm或240 mm,壁柱寬370 mm或490 mm,見圖4.19(a)。

在牆體轉折處或丁字牆處開設門洞時,一般應設置門垛,用以保證牆身的穩定及便於安裝門框。門垛寬度同牆厚,長度通常取120 mm或240 mm,見圖4.19(b)。

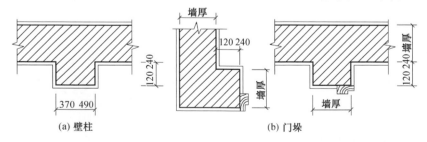

(a) 壁柱　　　　　　　　　(b) 門垛

圖4.19　壁柱和門垛

(2)圈梁

圈梁又稱腰箍,是沿房屋外牆一圈及部分內橫牆水平設置的連續封閉的梁。圈梁配合樓板的作用可提高建築物的空間剛度及整體性;增強牆體的穩定性,減少由於地基不均匀沉降而引起的墙身開裂。對抗震設防地區,利用圈梁加固墙身顯得更加必要。

圈梁有鋼筋混凝土圈梁和鋼筋磚圈梁兩種。鋼筋混凝土圈梁整體剛度好,應用較爲廣泛。圈梁寬度同墙厚,高度一般爲 180 mm、240 mm。鋼筋磚圈梁用 M5 砂漿砌築,高度不小于五皮磚,在圈梁中設置4ф6的通長鋼筋,分上下兩層布置,其做法與鋼筋磚過梁相同。

通常設置圈梁的方法爲:2~3 層房屋,地基較差時,可在基礎上或房屋檐口處設圈梁。地基較好時,3 層以下房屋可不設圈梁。4 層及以上房屋根據橫墙數量及地基情況,隔一層或二層設圈梁,在地震設防區內,外墙及內縱墙屋頂處都要設圈梁,6~7 度地震烈度時,樓板處隔層設一道,8~9 度地震烈度,每層樓板處設一道。對于內橫墙,6~7 度地震烈度時,屋頂處設置間距不大于 7 m,樓板處間距不大于 15 m,構造柱對應部位都應設置圈梁;8~9 級烈度,各層所有橫墙均設圈梁。

圈梁與門窗過梁統一考慮時,可用來替代門窗過梁。圈梁應閉合,當圈梁被窗洞切斷時,應搭接補强,可在洞口上部設置一道不小于圈梁斷面的過梁,稱附加圈梁。其與圈梁的搭接長度 $L \geqslant 3H$,且 $L \geqslant 1.5$ m(圖 4.20)。

(3)構造柱

由于磚砌體是脆性材料,抗震能力較差。因此在抗震設防地區,在多層磚混結構房屋的墙體中,需設置鋼筋混凝土構造柱,用以增加建築物的整體剛度和穩定性。

構造柱是從構造角度考慮設置的,一般設在房屋四角、內外墙交接處、樓梯間、電梯間以及某些較長的墙體中部。構造柱必須與圈梁及墙體緊密連結。圈梁在水平方向將樓板和墙體箍住,而構造柱則從竪向加强層間墙體的連結,與圈梁一起構成空間骨架。從而增加了房屋的整體剛度,提高墙體的變形能力,使墙體由脆性變爲延性較好的結構,做到裂而不倒。構造柱下端應錨固于鋼筋混凝土條形基礎或基礎梁內。柱截面一般爲240 mm×240 mm,不小于 240 mm×180 mm。主筋一般采用 4ф12,箍筋間距不宜大于250 mm,墙與柱之間應沿墙高每 500 mm 設 2ф6 鋼筋連結,每邊伸入墙內不少于 1 m。施工時必須先砌磚墙,隨着墙體上升而逐段現澆鋼筋混凝土(圖 4.21)。也可采用預制空心砌塊嵌固,然后在孔內綁扎鋼筋灌築混凝土。

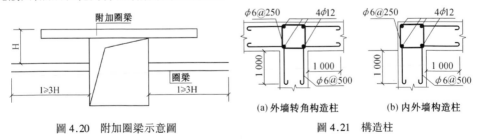

圖 4.20　附加圈梁示意圖　　　　圖 4.21　構造柱

(a)外墙转角构造柱　　(b)内外墙构造柱

4.4　隔牆的構造

隔墙主要用作分隔空間,隔墙一般不能承受外來荷載,而且本身的重量也要由其他構件來支承。不到頂的隔墙稱爲隔斷。

對隔墙或隔斷的共同要求爲:

(1)自重輕,有利于減輕樓板或小梁的支撑荷載;

(2)厚度薄,少占空間;

(3)用于厨房、厠所等特殊房間應有防火、防潮或其他要求;

(4)便于拆除而不損壞其他構配件。

常見的隔墙,根據其材料及構造方法不同,可分作立筋式隔墙、塊材隔墙和板材隔墙等。

4.4.1 立筋式隔牆

立筋式隔墙系由木筋骨架或金屬骨架及墙面材料兩部分組成。根據墙面材料的不同來命名不同的隔墙,如板條抹灰隔墙、鋼絲網抹灰隔墙和人造板隔墙等。凡先立墙筋,后釘各種材料,再進行抹灰或油漆等飾面處理的,均可歸入立筋式隔墙。

1.板條抹灰隔牆

板條抹灰隔墙,又稱"灰板條墙",它具有質輕壁薄,靈活性大,裝拆方便等優點,故應用較廣。但其防火、防潮、隔聲性能較差,并且耗用木材多。從節約木材的角度來看,應該少用或不用。

板條抹灰隔墙由上檻、下檻、墙筋(立筋)、斜撑(或橫檔)及板條等木構件組成骨架。然后進行抹面,如圖 4.22 所示。

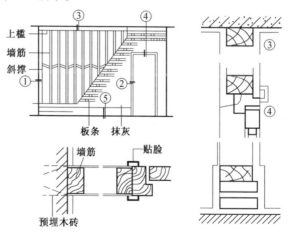

圖 4.22　木骨架板條抹灰面層隔墙

2.立筋面板隔牆

立筋面板隔墙主要是指在木質骨架或金屬骨架上鑲釘膠合板、纖維板、石膏板或其他輕質薄板的一種隔墙。

木板骨架的構造同灰板條墙,但墙筋與橫檔的間距均應按各種人造板的規格排列,如圖 4.23 所示。人造面板接縫應留有 5 mm 左右的伸縮余地,并可采用鋁壓條或木壓條蓋縫。

金屬骨架一般采用薄壁鋼板,鋁合金薄板或拉眼鋼板網加工而成。墙筋的間距視鑲板的規格而定,亦即保證板與板的接縫在墙筋或橫檔上。在金屬骨架上釘板時,面板常借

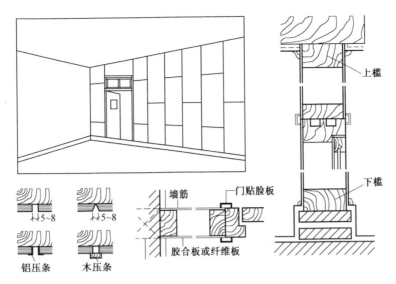

圖 4.23 膠合板或纖維板隔牆

膨脹鉚釘固牢在墙筋上。對于鋼板網骨架,由于剛度較弱,在釘板時,爲避免因打眼而影響骨架變形,可在骨架的肋槽内填以木磚。釘好面板后,可在表面裱糊墙紙或噴涂油漆涂料等。

立筋面板隔墙爲干作業,施工也較輕便,但隔聲量不足 40 dB。爲了滿足分户隔墙隔聲要求,可在内部填以輕質材料或每面錯縫鋪釘雙層面板。

4.4.2 塊材隔牆

塊材隔墙是指用普通磚、多孔磚、砌塊等塊材砌築而成的隔墙。其優點是耐久性和耐濕性較好,缺點是自重較大。常用的有普通磚隔墙和砌塊隔墙。

1.普通磚隔牆

普通磚隔墙有半磚(120 mm)和 1/4 磚(60 mm)兩種。

半磚隔墙采用普通黏土磚順砌,砌築砂漿標號可采用 M2.5 或 M5。當隔墙高度超過 3 m,長度超過 5 m 時,應考慮加固措施而保證墙身的穩定性。一般可沿高度方向每隔 8 ~ 10皮磚砌入 φ4 鋼筋一根,或每隔 10 ~ 15 皮磚砌入 φ6 鋼筋一根,并使之與承重墙連接牢固(圖 4.24)。隔墙上有門時,要預埋鐵件或將帶有木楔的混凝土預制塊砌入隔墙中以固定門框。

1/4 磚隔墙系由普通磚側砌而成。由于厚度薄、穩定性差,故要求砌築砂漿的標號不低于 M5。1/4 磚隔墙的高度和長度不宜過大,且常用于不設門窗洞的部位,如廚房與衛生間之間的隔墙。若面積大又需開設門窗洞時,須采取加固措施,常用方法是在高度方向每隔 500 mm 砌入 φ4 鋼筋 2 根,或在水平方向每隔 1 200 mm 立細石混凝土柱一根,并沿垂直方向每隔 7 皮磚砌入 φ6 鋼筋 1 根,使之與兩端墙連接。

2.砌塊隔牆

爲了減輕隔墙自重,常采用比普通磚大而輕的粉煤灰硅酸鹽塊、加氣混凝土塊、空心

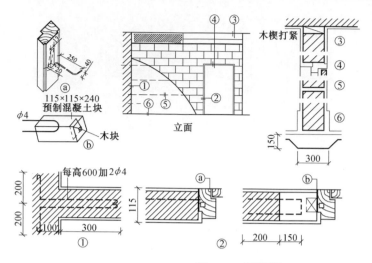

圖 4.24 半磚隔牆

磚或水泥爐渣空心砌塊等砌成隔牆。牆厚由砌塊尺寸而定,一般爲 90～120 mm。由於牆體穩定性較差,其加固措施與磚隔牆相似,如圖 4.25 所示。當沒有半塊時,常以普通黏土磚填嵌空隙。當采用防潮性能較差的砌塊砌築時,宜先在牆的下部先砌 3～5 皮黏土磚。

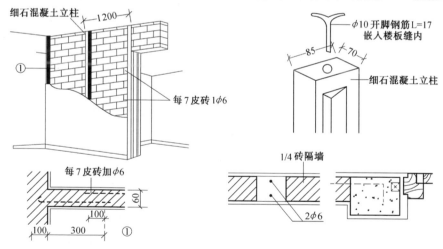

圖 4.25 砌塊隔牆

4.4.3 板材隔牆

板材隔牆,是指其單板高度相當于房間的净高,面積較大,并且不依賴骨架,直接裝配而成的隔牆。例如,碳化石灰板、加氣混凝土條板、石膏條板、紙蜂窩板、水泥刨花板等。

1.碳化石灰板隔牆

碳化石灰板是由磨細生石灰摻 3%～4%(重量比)短玻璃纖維,加水攪拌(水灰比 1:2

左右),振動成型,利用石灰窰廢氣進行碳化而成的。其規格爲:長 2 700 ~ 3 000 mm,寬 500 ~ 800 mm,厚90 ~ 120 mm。

碳化石灰板隔墙在安裝時,板頂與上層樓板連接,可用木楔打緊;兩塊板之間,可用水玻璃黏結劑連接,然后在墙表面先刮膩子再刷漿或貼塑料墙紙,如圖4.26所示。

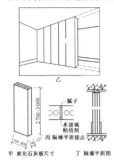

圖 4.26 碳化石灰板隔墙

2.加氣混凝土條板隔牆

加氣混凝土是由水泥、石灰、砂、礦渣、粉煤灰等,加發氣劑(鋁粉),經過原料處理、配料、澆注、切割及蒸壓養護等工序制成的。其容重爲 5 kN/m^3,抗壓強度爲 0.3 ~ 0.5 kN/m^3。

加氣混凝土條板具有自重輕,保溫性能好,運輸方便,施工簡單,可鋸、可創、可釘等優點。但加氣混凝土吸水性大,耐腐蝕性差,強度較低,運輸、施工過程中易受損壞。加氣混凝土條板不宜用于具有高溫、高濕或有化學、有害空氣介質的建築中。

加氣混凝土條板規格爲:長 2 700 ~ 3 000 mm,寬600 ~ 800 mm,厚 80 ~ 100 mm。隔墙板之間可用水玻璃礦渣黏結砂漿(水玻璃:磨細礦渣:砂 = 1:1:2)或 107 膠聚合水泥砂漿(1:3 水泥砂漿加入適量 107 膠)黏結。條板安裝一般是在地面上用一對對口木楔在板底將板楔緊。

3.紙蜂窩板隔牆

紙蜂窩板是用浸漬紙以樹脂黏貼成紙芯,再經張拉、浸漬酚醛樹脂、烘干固化等工序制成的。紙芯形如蜂窩,兩面貼以面板(如纖維板、塑料板等),四周鑲木框做成墙板,其規格有 3 000 mm × 1 200 mm × 50 mm 及 2 000 mm × 1 200 mm × 43 mm 等。安裝時,兩塊板之間用壓條或金屬嵌條固定。

4.5　牆面裝修

4.5.1　牆面裝修的作用和分類

建築物結構主體完成后,必須對墙面進行裝修,墙面裝修的基本功能是保護墙體,美化環境、改善墙體物理性能,滿足使用功能。

墙面裝修有外墙裝修和内墙裝修之分,外墙又有清水墙面(不抹面)和混水墙面(抹面)之分。

外墻面的裝修主要是保護外墻不受外界侵蝕，提高墻體防潮、防風化、保溫、隔熱的能力，增强墻體的堅固性和耐久性，增加美觀。

外墻采用清水墻面時，砌磚時要求砂漿飽滿，灰縫平直，并在清掃墻面基礎上用 1:1 水泥砂漿勾縫。

内墻面裝修主要爲了改善室内衛生條件，提高墻身的隔聲性能，加强光綫反射，增加美觀；對浴室、厠所、厨房等潮濕房間，則保護墻身不受潮濕的影響，對一些有特殊要求的房間，還需選用不同材料的飾面來滿足防塵、防腐蝕、防輻射等方面的需要。

墻面裝修大致可歸納爲以下五類：(1)抹灰類，包括紙筋灰抹面、砂漿抹面等；(2)貼面類，包括天然石材、人造石材和陶瓷飾面磚等；(3)涂刷類，包括涂料和刷等；(4)裱糊類，包括壁紙和墻布等；(5)鑲板類，包括各種膠合板、纖維板、裝飾面板等。

4.5.2　牆面裝修構造

牆面裝修的種類較多。以下僅對抹灰類、貼面類及涂刷類牆面裝修作簡要介紹。

1.抹灰類牆面裝修

抹灰類裝修主要指采用石灰、石膏、水泥爲膠結料而配制成的各種砂漿抹灰的墻面裝修。如紙筋灰抹面、水泥砂漿抹面、聚合物水泥色漿墻面以及水刷石、干黏石、斬假石、水磨石等墻面。根據部位的不同，墻面抹灰可分爲外墻抹灰和内墻抹灰。根據使用要求的不同，墻面抹灰又可分爲一般抹灰和裝飾抹灰。一般抹灰常見的如石灰砂漿抹灰、水泥砂漿抹灰，混合砂漿抹灰、紙筋石灰漿抹灰、麻刀石灰漿抹灰等。裝飾抹灰常見的有水刷石面、水磨石面、斬假石面、干黏石面及聚合物水泥砂漿的噴涂、滾涂、彈涂飾面等。這類裝修均系現場濕作業施工。

(1)墻面抹灰的組成

爲了保證抹灰質量，做到表面平整，黏結牢固，色彩均匀，不開裂，施工時須分層操作。抹灰一般分三層，即底灰(層)、中灰(層)、面灰(層)，如圖 4.27 所示。

底灰層主要起與基層黏結和初步找平作用。底灰砂漿應根據基本材料的不同和受水浸濕情況而定。可選用石灰砂漿，水泥石灰混合砂漿(簡稱"混合砂漿")或水泥砂漿。

中灰層主要起找平和結合的作用，還可以彌補底層抹灰的干縮裂縫。一般來説，中層抹灰所用材料與底層抹灰基本相同，在采用機械噴涂時，底層與中層可同時進行。

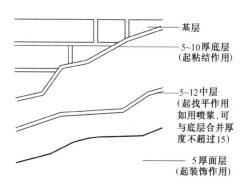

基層

5~10厚底層
(起粘结作用)

5~12中層
(起找平作用
如用噴漿，可
与底層合并厚
度不超过15)

5 厚面層
(起裝飾作用)

圖 4.27　抹灰的構造

面層抹灰又稱"罩面"，主要起裝飾和保護作用。根據所選裝飾材料和施工方法的不同，面層抹灰可以分爲各種不同性質與外觀的抹灰。例如，選用紙筋灰罩面，即爲紙筋灰抹灰；水泥砂漿罩面，即爲水泥砂漿抹灰；采用木屑作骨料的砂漿罩面，即爲吸聲抹灰等。

由于施工操作方法的不同，抹灰表面可抹成平面，也可以拉毛或用斧斬成假石狀，還可以采用細天然骨料或人造骨料(加大理石、花崗岩、玻璃、陶瓷等加工成粒料),采用手工抹或機械噴射成水刷石、干黏石、彩瓷粒等集石類墙面。

彩色抹灰的做法有兩種:一種是在抹灰面層的灰漿中摻入各種顏料,色匀而耐人,但顏料用量較多,適用于室外;另一種,是在做好的面層上,進行罩面噴涂料時加入顏料,這種做法比較省顏料,但是容易出現色彩不匀或褪色現象,多用于室内。

抹灰按質量要求和主要工序劃分爲三種標準:

普通抹灰:一層底灰,一層面灰,總厚度≤18 mm;

中級抹灰:一層底灰,一層中灰,一層面灰,總厚度≤20 mm;

高級抹灰:一層底灰,數層中灰,一層面灰,總厚度≤25 mm。

高級抹灰適用于高標準公共建築物,如劇院、賓館、展覽館、紀念性建築等,中級抹灰適用于一般性公共建築及住宅等;普通抹灰適用于簡易宿舍、倉庫等要求不高的場所。

(2)常見抹灰飾面做法

經常用于外墙面飾面的抹灰有:混合砂漿抹灰、水泥砂漿抹灰、水刷石及干黏石、斬假石等;內墙面抹灰有:紙筋石灰抹灰、石膏灰抹灰、混合砂漿抹灰飾面等。分述如下:

①混合砂漿抹灰。常用 1:1:6 水泥、石灰膏、黃沙拌成。如遇含泥量較重的黃沙時,石灰膏應適當減少,否則墙面容易開裂。

抹灰兩道,底層與面層材料相同,總厚度約 20 mm。用于內墙面時,表面加涂內墙涂料。用于外墙面時,表面可用木蟹磨毛、呈銀灰色。

②水泥砂漿抹灰。采用 12 mm 厚 1:3 水泥砂漿打底,再用 8 mm 厚 1:2.5 水泥砂漿抹面。表面呈土黃色,具有一定的抗水性,作外飾面時,面層用木蟹磨毛;作爲厨房、浴厠等易受潮房間的墙裙時,面層用鐵板抹光。

③水刷石及干黏石飾面。水刷石又稱洗石子,采用 15 mm 厚 1:3 水泥砂漿打底。面層水泥石碴漿的配比依石碴粒徑而定,一般爲 1:1(粒徑 8 mm)、1:1.25(粒徑 6 mm)、1:1.5(粒徑 4 mm);厚度通常取石碴粒徑的 2.5 倍,依次爲 20 mm、15 mm、10 mm。

面料如果用彩色石碴漿,則需要白水泥摻入顏料,造價會相應增加。

噴刷應在面層剛開始初凝時進行,分兩遍操作。第一遍先用軟毛刷子蘸水刷掉面層水泥漿,露出石粒;第二遍接着用噴霧器將四周鄰近部位噴濕,然後由上往下噴水,把表面的水泥漿冲掉,使石子外露約爲粒徑的 1/3,再用小水壺從上往下冲洗;大面積冲洗後,用甩干的毛刷將方格縫上沿處滴挂的浮水吸去。

干黏石飾面用 12 mm 厚 1:3 水泥砂漿打底,中層用 6 mm 厚 1:3 水泥砂漿,面層爲黏結砂漿,黏結砂漿常見配比爲:水泥:砂:107 膠 = 1:1.5:0.15 或水泥:石灰膏:沙子:107 膠 = 1:1:2:0.15。冬季施工應采用前一配比。黏結砂漿抹平后,即開始撒石粒,石粒一般選用小八厘石碴(粒徑 4 mm)。且用水冲洗干净。手甩黏石的主要工具是拍子和托盤,先甩四周易干部位,再甩中間,要求大面均匀,然後用拍子壓平拍實,使石碴粒埋入黏結砂漿1/2 以上。也可以用壓縮空氣帶動噴斗噴射石碴代替手甩石碴。

干黏石效果類同水刷石,它操作簡便,與水刷石相比,它可提高工效 50%,節約水泥30%,節約石子 50%。

④斬假石飾面。斬假石是仿制天然石墙的一種抹灰。這種飾面一般是以水泥石碴漿作面層,待凝結硬化具有一定強度后,用斧子及各種鑿子等工具,在面層上剁斬出類似石

材經雕琢的紋理效果來,其質感分立紋剁斧和花錘剁斧兩種,可根據需要選用。

⑤紙筋石灰抹灰。紙筋(或麻刀)石灰粉刷的一般做法是:當基層爲磚墙時,用 15 mm 厚 1:3 石灰砂漿打底,2 mm 厚紙筋(麻刀)石灰粉面。當基層爲混凝土墙時,抹灰前須先刷一道素水泥漿(内掺入重 3%~5%的 107 膠)作爲預處理,然后用 15 mm 厚 1:3:9 水泥石灰砂漿打底,用 2 mm 厚紙筋(麻刀)石灰粉面。

紙筋(或麻刀)石灰抹灰通常用于内粉刷。表面可以噴刷大白漿等其他内墙涂料,也可以直接作爲内墙飾面。

⑥石膏灰抹灰。石膏灰漿罩面,顏色潔白,表面細膩,不反光,可以與室内石膏制作的裝飾性綫脚配套,取得統一的效果。石膏還具有隔熱、保温、不燃、吸聲、結硬后不收縮等性能,所以適宜作高級裝飾的内墙面抹灰和頂棚的罩面。

(3)抹灰類飾面特殊部位構造

在内墙面抹灰裝修中,當遇到人群活動較易碰撞的墙面或墙面防水要求較高的部位,如門廳、公共走廊、厨房、浴、厠等處,爲保護墙身,常在這些易于碰撞或較易受潮的墙面做成護墙墙裙(或稱臺度),其構造如圖 4.28 所示。墙裙一般高 900~2 000 mm。

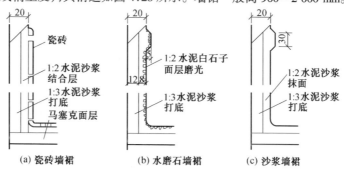

(a) 瓷磚墙裙　　(b) 水磨石墙裙　　(c) 沙浆墙裙

圖 4.28　墙裙

由于抹灰砂漿强度較差,陽角處很易碰壞,通常在抹灰前,先在内墙陽角、門洞轉角、柱子四角等處用强度較高的 1:2 水泥砂漿抹出或預埋角鋼做成護角,如圖 4.29 所示。護角高度從地面起約 2.0 m 左右,然后再做底層及面層抹灰。

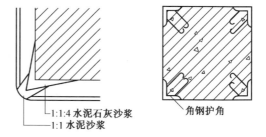

圖 4.29　墙和柱的護角

2.貼面類墙面裝修

貼面類墙面裝修是目前中高級建築墙面裝修常采用的飾面之一。貼面材料通常有三類:一是陶瓷制品,如瓷磚、面磚、陶瓷錦磚等;二是天然石材,如花崗岩、大理石等;三是預制板材,如預制水磨石板等。它們的構造方法有一定的差異,一般輕而小的塊面可直接鑲貼,大而重的塊材則必須采用鈎挂等方式,保證與主體結構連接牢固。

(1)外墙面磚飾面

外墙面磚分爲無釉和有釉兩種。常見的規格有:200 mm × 100 mm,150 mm × 75 mm,

75 mm×75 mm,108 mm×108 mm 等,厚度爲 6~15 mm。外墻面磚黏貼時,用 1:3 水泥砂漿作底灰,厚度 15 mm。黏貼前,先將面磚表面清潔干净,放入水中浸泡,然后再晾干或擦干。黏結砂漿用 1:2.5 的水泥砂漿或用 1:0.2:2.5 的稠度適中的水泥石灰混合砂漿。貼完一行后,須將每塊面磚上的灰漿刮净。待整塊墻面貼完后,用 1:1 水泥細砂漿作勾縫處理。

(2)釉面磚(瓷磚)飾面

瓷磚正面挂釉,又稱"釉面瓷磚",它是用瓷土或優質陶土燒制成的飾面材料其底胎一般呈白色,表面上釉可以是白色,也可以是其他顔色的。瓷磚表面光滑、美觀、吸水率低,多用于室内需要經常擦洗的墻面,如厨房墻裙、衛生間等處,一般不用于室外。瓷磚的一般規格有:152 mm×152 mm、108 mm×108 mm、152 mm×76 mm、50 mm×50 mm 等,厚度爲 4~6 mm。此外,在轉彎或結束部位,均另有陽角條、陰角條、壓條,或帶有圓邊的構件供選用。

黏貼瓷磚時,底灰爲 12 mm 厚 1:3 水泥砂漿。瓷磚黏貼前應浸透陰干待用。黏貼由下向上横向逐行進行。爲了便于洗擦和防水,要求連接緊密,一般不留灰縫,細縫用白水泥擦平。瓷磚的黏貼方法有兩種:一種稱"軟貼法",即用 5~8 mm 厚 1:0.1:2.5 的水泥石灰混合砂漿作結合層黏貼。這種方法需要有較好的技術素質。另一種是"硬貼法",即在黏結砂漿中加入適量的 107 膠,其配比(重量比)爲水泥:砂:水:107 膠 = 1:2.5:0.44:0.03。水泥砂漿中有 107 膠后,砂漿不易流淌,容易保持墻面潔净,减少清潔墻面工序,而且能延長砂漿使用時間,也减薄了黏結層,一般只需 2~3 mm,硬貼法技術要求較低,提高了工效,節約了水泥,减輕了面層自重,瓷磚黏結牢度也大大提高。

(3)陶瓷錦磚與玻璃錦磚飾面

陶瓷錦磚又稱"馬賽克",是以優質瓷土燒制而成的小塊瓷磚。分爲挂釉和不挂釉兩種。采用的常見尺寸有 18.5 mm×18.5 mm、39 mm×39 mm、39 mm×18.5 mm 等,由于其耐磨、耐酸碱、不滲水、易清洗,所以常用作室内地面及墻裙。無釉陶瓷錦磚也常被用于外墻飾面,由于自重輕,色澤穩定,耐污染,所以對高層建築尤爲適用。

玻璃錦磚又稱"玻璃馬賽克",它是以玻璃爲主要原料,加入二氧比硅,經高温、熔化發泡后,壓延制成的小塊,方形尺寸一般爲 20 mm×20 mm、25 mm×25 mm,厚度爲 4 mm。玻璃錦磚質地堅硬,不褪色,材料來源廣,價格較陶瓷錦磚便宜,所以廣泛用于建築外墻飾面。

陶瓷錦磚與玻璃錦磚尺寸較小,爲了便于黏貼,出廠前已按各種圖案反貼在標準尺寸 325 mm×325 mm 的牛皮紙上。施工時,用 12 mm 厚 1:3 水泥砂漿打底,用 3 mm 厚 1:1:2 紙筋石灰膏水泥混合灰(内摻水泥重 5%的 107 膠)作黏結層鋪貼,鋪貼時將紙面向外,覆蓋在砂漿面上,用木板壓平,待黏結層開始凝固,洗去皮紙,用鐵板校正縫隙,最后用素水泥漿擦縫,如圖 4.30 所示。爲了避免錦磚脱落,一般不宜在冬季施工。

(4)天然石材及人造預制板材飾面

天然石材可以加工成板材或塊材做飾面材料。它們具有强度高、結構致密和色澤雅致,質感好等優點,但貨源少,價格昂貴,一般用于較高檔的建築裝修。比較常用的飾面石料有花崗岩和大理石;花崗石不易風化,多用于室外。而大理石一般不宜用于室外。

花崗石與大理石飾面板材的安裝方法較多,如挂貼法、木楔固定法、干挂法、樹脂膠黏

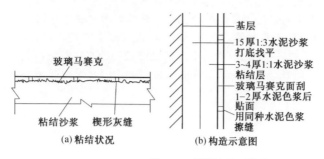

圖 4.30　馬賽克飾面構造

結法、鋼網法等,其中挂貼法應用很廣泛。

　　挂貼法固定天然石板,首先要在結構中預留鋼筋頭,或在砌牆時預埋鍍鋅鐵鈎。安裝時在鐵鈎內先下主筋,間距 500~1 000 mm,然后按板材高度在主筋上綁扎橫筋,構成鋼筋網,鋼筋 φ6~φ8。板材上端兩邊鑽有小孔,選用銅絲或鍍鋅鐵絲穿孔將石板綁扎在橫筋上。石板與墻身之間留 30 mm 縫隙灌漿。施工時,要用活動木楔插入縫中,來控制縫寬,并將石板臨時固定,然后再在石板背面與墻面之間,灌澆水泥砂漿。灌漿宜分層灌入,每次不宜超過 200 mm,離上口 80 mm 即停止,以便上下連成整體,如圖 4.31 所示。

　　常見的預制板材,主要有水磨石、水刷石、斬假石、人造石材等。預制板材和

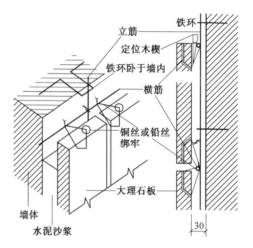

圖 4.31　大理石墙面挂貼法

墻體的固定方法與天然石材飾面基本一樣,如圖 4.32 所示。

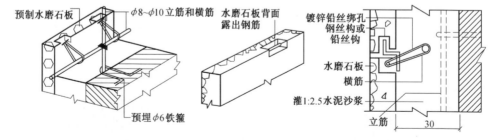

圖 4.32　預制水磨石板裝修構造

3.涂刷類牆面裝修

　　涂刷類飾面裝修,是指將建築涂料涂刷于構配件表面并與之較好黏結,以達到保護、裝飾建築物,并改善構配件性能目的的裝修手段。

　　涂刷類飾面是建築內外墻飾面的重要組成部分。與其他飾面裝修相比,涂刷類飾面

具有工效高、工期短、材料用量少、自重輕、造價低等優點。涂刷類飾面的耐久性略差,但維修、更新很方便,而且簡單易行。

在涂刷類飾面裝修中,涂料幾乎可以配成任何需要的顏色。這是它在裝修效果上的一個優勢,也是其他飾面材料所不能及的,它可爲建築設計提供靈活多樣的色彩表達效果。由于涂料所形成的涂層較薄,較爲平滑,即使采用厚涂料或拉毛等做法,也只能形成微弱的麻面或小毛面,所以除可以掩蓋粉刷基層表面的微小瑕疵使其不顯外,不能形成凹凸程度較大的粗糙質量表面。涂刷飾面的本身效果是光滑而細膩的,要使涂飾表面有豐富的飾面質感,就必須先在基層表面創造必要的質感條件。所以,外墙涂料的裝飾作用主要在于改變墙面色彩,而不在于改變質感。

涂刷類飾面裝修可分爲涂料飾面與刷漿飾面兩大類。二者的區別在于:涂料一般涂敷于建築表面并能與其基層材料很好地黏結,形成完整涂膜,而刷漿是指在基層表面噴刷漿料或水性涂料。

(1)涂料飾面裝修

傳統涂料,主要是指油漆,它是以油料爲原料配制而成的。目前,以合成樹脂和乳液爲原料的涂料,已大大超過油料,以無機硅酸鹽和硅溶膠爲基料的無機涂料,也已被大量應用。

根據狀態的不同,建築涂料可劃分爲溶劑型、水溶性、乳液型和粉末涂料等幾類。

根據裝修質感的不同,建築涂料可劃分爲薄質、厚質和復層涂料等幾類。

根據涂刷部位要求的不同,建築涂料又可劃分爲外墙涂料、内墙涂料、地面涂料、頂棚涂料及屋頂涂料等。

常用的外墙厚涂料和復層涂料有:PG－838 浮雕漆厚涂料、彩砂涂料、乙－丙乳液厚涂料、丙烯酸拉毛涂料、JH8501 無機厚涂料、8301 水性外用建築涂料等

常用的外墙薄涂料有:建築外墙涂料、SA－1 型乙－丙外墙涂料、865 外墙涂料、107外墙涂料、高級噴磁型外墙涂料、有機無機復合涂料。

常用的内墙涂料有:LT－1 有光乳膠涂料、SJ 内墙滾花涂料、JQ831、JQ841 耐擦洗内墙涂料、乙－乙乳液彩色内墙涂料、乙－丙内墙涂料、803 内墙涂料、206 内墙涂料、過氯乙烯内墙涂料、水性無機高分子平面狀涂料、乳膠漆内墙涂料等。

(2)刷漿飾面裝修

刷漿飾面,是指將水質涂料噴刷在建築物抹灰層或基體等表面上,用以保護墙體,美化建築物。用于刷漿的水質涂料很多,供室内用的有石灰漿、大白粉漿、可賽銀漿、色粉漿等;用于室外的有水泥避水色漿、油粉漿、聚合物水泥漿等。

4.6　管道穿牆的構造處理

在供熱通風、給水排水及電氣工程中,都有多種管道穿過建築物(或構築物)的墙(或池)壁。管道穿墙時,必須做好保護和防水措施,否則將使管道產生變形或與墙壁結合處產生滲水現象,影響管道的正常使用。

當墙壁受力較小,以及穿墙管在使用中振動輕微時,管道可直接埋設于墙壁中,管道

和牆體固結在一起,稱爲固定式穿牆管。爲加強管道與牆體的連接,管道外壁應加焊鋼板翼環,翼環的厚度和寬度可參考表4.3選用,如遇非混凝土牆壁時,應改用混凝土牆壁(圖4.33)。

表4.3 翼環尺寸表 mm

管徑 DN	25	32	40	50	70	80	100	125	150	200	250	300
翼環厚度 δ	5	5	5	5	5	5	5	5	5	8	8	8
翼環寬度 α	30	30	30	30	30	30	30	30	30	50	50	75

當牆壁受力較大,在使用過程中可能産生較大的沉陷以及管道有較大振動,并有防水要求時,管道外宜先埋設穿牆套管(亦稱防水套管),然後在套管內安裝穿牆管,由于牆壁因沉陷産生的壓力作用在套管上,所以對穿牆管起到保護作用,同時管道也便于更換,稱爲活動式穿牆管。穿牆套管按管間填充情況可分爲剛性和柔性兩種。

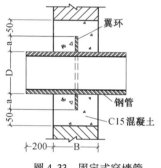

圖4.33 固定式穿牆管

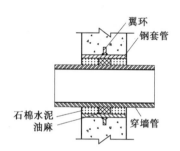

圖4.34 剛性防水套管

4.6.1 剛性穿牆套管

剛性穿墙套管(圖4.34)適用于穿過有一般防水要求的建築物和構築物,套管外也要加焊翼環。套管與穿牆管之間先填入瀝青麻絲,再用石棉水泥封堵。

4.6.2 柔性防水套管

柔性防水套管(圖4.35)適用于管道穿過墙壁之處有較大振動或有嚴密防水要求的建築物構築物。

其一般構造爲套管內焊有擋圈3、套管外焊有翼環2和翼盤8,澆固于牆內。套管的一側通過法蘭盤6和雙頭螺栓5,將另一短管7壓緊套管與穿牆管之間的橡皮條4,使之密封。

無論是剛性或柔性套管,都必須將套管一次澆固于牆內,套管穿牆處之牆壁如遇非混凝土時,應改用混凝土牆壁,混凝土澆築範圍應比翼環直徑大200~300 mm。

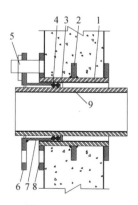

圖4.35 軟性防水套管

1—套管;2—翼環;3—擋圈;4—橡皮條;5—雙頭螺栓;6—法蘭盤;7—短管;8—翼盤;9—穿牆孔

套管處混凝土墙厚對于剛性套管不小于 200 mm,對于柔性套管不小于 300 mm,否則應使墙壁一側或兩側加厚,加厚部分的直徑應比翼環直徑大 200 mm。

4.6.3 進水管穿地下室

當進水管穿過地下室墙壁時,對于采用防水和防潮措施的地下室,應分別按圖 4.36 中的(a)和(b)進行施工。

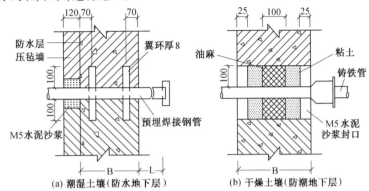

圖 4.36 進水管穿地下室構造

4.6.4 電纜穿牆

電纜穿牆時,除可用鋼管保護外,還可用圖 4.37 所示剛柔結合的做法。

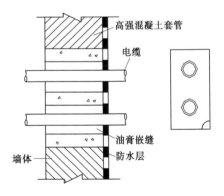

圖 4.37 電纜穿墙處理

復習思考題

1.確定磚牆厚度的因素有哪些?

2.磚牆的組砌方法有幾種?

3.磚牆的承重方式有幾種?

4.牆體的細部做法。

5.牆體的裝修做法。

6.初步了解牆體的隔聲和熱工性能。

7.門窗洞口上部爲什么要加設過梁?

8.磚牆中應加設哪些抗震設施?

9.常用的隔牆有幾種做法?

10.牆面裝修有哪些作用?

11.牆面裝修有哪幾種? 試舉例説明每類牆面裝修的一至兩種構造做法及適用範圍。

第5章 樓板與地面

5.1 樓板的類型與要求

5.1.1 樓板的組成

樓板的基本組成可劃分爲結構層、面層和頂棚三個部分。

結構層:結構層一般爲樓板或由梁和樓板組成。它是房屋的主要水平承重構件,它將作用在其上面的全部静、活荷載及自重傳遞給墻或柱,同時它對墻身起着水平支撑作用,以減少水平風力以及地震的水平荷載對墻面作用所產生的撓曲,增强房屋的整體性和剛度。

面層:起着保護樓板,承受并傳遞荷載的作用,同時對室內有很重要的清潔及裝飾作用,并可以改善樓板的隔聲性能。

頂棚:附着于樓板或屋面板底部的部分,可分爲直接式頂棚及吊頂棚兩類。

樓板可根據需要增設如找平層、防水層、保温層、隔聲層等構造層次。

5.1.2 樓板的類型

根據承重構件的材料,樓板分爲木樓板、鋼筋混凝土樓板、鋼樓板及磚拱樓板等。

1.木樓板

木樓板使用舒適、自重輕、保温性能好、節約鋼材和水泥等;但易燃、易腐蝕、易被蟲蛀、耐久性差,需耗用大量木材。目前主要用在産木地區、高級建築及古建築維修中。

2.鋼筋混凝土樓板

鋼筋混凝土樓板有現澆(整體式)和裝配式兩種類型。這種樓板强度和剛度較高,耐火性和耐久性好,裝配式更有工業化生産的優勢。但自重較大,施工時對機械設備有一定要求,現澆式樓板現場濕作業較多,工期長。鋼筋混凝土樓板隔聲、保温性能及舒適性略差一些,可通過后期裝修來改善其性能。鋼筋混凝土樓板是目前應用最廣泛的一種樓板。

3.鋼樓板

鋼樓板是在型鋼梁上鋪設壓型鋼板,再在其上整澆混凝土組合而成。鋼樓板强度高,施工方便,便于建築工業化,較鋼筋混凝土樓板自重輕,但防水性能較差,用鋼量大,造價高。目前國內較少應用。

4.磚拱樓板

磚拱樓板利用磚砌成拱形結構形成。磚拱由墻或梁支承。采用磚拱樓板可節省木材、水泥和鋼材,造價較低(圖5.1)。但磚拱樓板抗震能力差,施工較麻煩,只能在低層房屋中采用,不宜用于地震區和地基條件差,易引起不均匀沉降的房屋。

5.1.3　樓板的設計要求

1.樓板應具有足够的强度和剛度

樓板必須具有足够的强度和剛度才能保證樓板正常和安全使用。强度是指樓板能够承受自重和不同的使用要求下的使用荷載(如人群、家具設備等,也稱活荷載)而不損

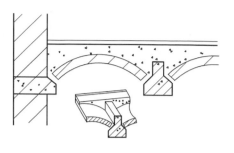

圖 5.1　磚拱樓板

壞。剛度是指樓板在一定的荷載作用下,不發生超過規定變形的撓度,以及人走動和重力作用下不發生顯著的振動。否則就會使面層材料以及其他構配件損壞,産生裂縫等。

2.樓板應滿足隔聲的要求

爲了防止噪聲通過樓板傳到上下相鄰的房間,影響其使用,樓板應具有一定的隔聲能力。不同使用要求的房間對隔聲的要求不同。

樓板的隔聲包括隔絶空氣傳聲和固體傳聲兩方面。固體傳聲一般由上層房間對下層産生影響,如步履聲、移動家具對樓板的撞擊聲、縫紉機和洗衣機等振動對樓板的影響聲等,都是通過樓板層構配件來傳遞的。由于聲音在固體中傳遞時,聲能衰减很少,所以固體傳聲的影響更大,是樓板隔聲的重點。

隔絶固體傳聲簡單有效的方法之一是采用富于彈性的鋪面材料作面層,以吸收一些撞擊能量,减弱樓板的振動。如鋪設地毯、橡皮、塑料等。另外,還可以通過在面層下設置彈性墊層或在樓板底設置吊頂棚等方法來達到隔聲的目的。

3.滿足熱工、防火、防潮等的要求

在冬季采暖建築中,假如上下兩層温度不同時,應在樓板構造中設置保温材料,盡可能使采暖方面减少熱損失。

從防火和安全角度考慮,一般樓板承重構件,應盡量采用耐火材料制作。如果局部采用可燃材料時,應作防火特殊處理;木構件除了防火以外,還應注意防腐、防蛀。

潮濕的房間如衛生間、厨房等應要求樓板有不透水性。除了支承構件采用鋼筋混凝土以外,還可以設置有防水性能、易于清潔的各種鋪面,如面磚、水磨石等。與防潮要求較高的房間上下相鄰時,還應對樓板做特殊處理。

4.樓板應滿足經濟方面的要求

在多層房屋中,樓板的造價一般約占建築造價的 20%～30%,因此,樓板的設計應力求經濟合理,應盡量就地取材,在進行結構布置和確定構造方案時,應與建築物的質量標準和房間的使用要求相適應,并須結合施工要求,避免不切合實際而造成浪費。

5.樓板應滿足建築工業化的要求

在多層或高層建築中,樓板結構占相當大的比重,要求在樓板設計時,應盡量考慮减輕自重和减少材料的消耗,并爲建築工業化創造條件,以加快建設速度。

5.2　鋼筋混凝土樓板的構造

鋼筋混凝土樓板按施工方式的不同,分爲現澆整體式、預制裝配式和裝配整體式三種類型。

5.2.1　現澆式鋼筋混凝土樓板

現澆鋼筋混凝土樓板在現場綁扎鋼筋并支模澆築混凝土而成。這種樓板整體性好,剛度大,有利于抗震,防水性能好并且成型自由,能適應各種不規則形狀和需留孔洞等特殊要求的建築。但現澆樓板耗費大量模板,現場濕作業量大且施工工期較長。

現澆鋼筋混凝土樓板分爲板式、梁板式、井式和無梁樓板四種。

1. 板式樓板

板式樓板一般單向簡支在墻上,多用于較小跨度的走廊或房間,如居住建築中浴廁、厨房等處。跨度一般在 2 m 左右,可至 3 m,板厚約 70 mm,板内配置受力鋼筋(設于板底)與分布鋼筋,按短跨方向擱置。如方形或近似方形房間則需雙向支承和配筋。

2. 梁板式樓板

房間跨度較大時,若仍采用板式樓板,則必須加大板的厚度和增加板内的配筋量,很不經濟。因此,結構設計中常采用梁板式樓板,即設置梁作爲板的支點來減小板的跨度。這時,樓板的荷載是由板傳給梁,再由梁傳到墻或柱上。梁板式樓板也被稱爲肋梁樓板。

梁有主梁和次梁之分,在進行結構布置時,主梁應沿房間的短跨方向布置,而次梁則沿垂直于主梁的方向布置(圖 5.2),主梁可由磚石墻垛或鋼筋混凝土柱、磚柱支承,它的經濟跨度一般以 5 ~ 8m 爲宜。梁的斷面尺寸與梁跨有關,一般梁高 h 爲跨度的 1/8 ~ 1/14,梁寬爲梁高的 1/2 ~ 1/3;主梁的間距即爲次梁跨度,一般以 4 ~ 6 m 爲宜,次梁高爲次梁跨度的 1/12 ~ 1/18,寬度爲梁高的 1/2 ~ 1/3。板由次梁支承,次梁的間距即爲板的跨度,通常取 1.7 ~ 2.7 m,板厚 60 ~ 80 mm。

當板的長邊(即主梁間距)與短邊(即次梁間距)之比大于 2 時,在荷載作用下,板基本上沿短方向傳遞荷載,所以稱爲單向板。當這一比值小于或等于 2 時,板在兩個方向都有彎曲,即在兩個方向都傳遞荷載,所以稱爲雙向板。

3. 井式樓板

當梁板式樓板兩個方向的梁不分主次,高度相等,同位相交,呈井字形時稱爲井式樓板。井式樓板實際上是梁板式樓板的一種特例。它的板爲雙向板也是一種雙向板梁板式樓板。

井式樓板宜用于正方形平面,長短邊之比 ≤1.5 的矩形平面也可采用。梁與樓板平面的邊緣可正交也可斜交。此種樓板的梁板布置圖案美觀,有裝飾效果,并且由于兩個方向的梁相互支撑,受力較好,爲創造較大的建築空間創造了條件,所以常用于公共建築的門廳、大廳或跨度較大的房間。

4. 無梁樓板

無梁樓板的特點是將板直接支承在墻和柱上,不設主梁或次梁。爲增大柱的支承面

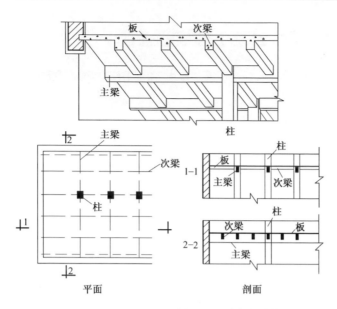

圖 5.2　現澆梁板式樓板

積和減少板的跨度,通常在柱頂加柱帽和托板等。柱帽的形式可以是方形、圓形或多邊形等。

無梁樓板采用的柱網通常爲正方形或接近正方形,這樣較爲經濟。常用的柱網尺寸爲 6 m 左右,柱子截面一般爲正方形、圓形或多邊形。樓板厚取 170~190 mm。采用無梁樓板頂棚平整,有利于室内的采光、通風,視覺效果好。無梁樓板的模板簡單、施工方便,結構高度較一般梁板式樓板要小,但樓板較厚,浪費材料,當樓面荷載小于 5.0 kN/m² 時不經濟。無梁樓板常用于商場、倉庫、多層車庫及輕型工業廠房等建築中。

5.2.2　預制裝配式鋼筋混凝土樓板

預制裝配式鋼筋混凝土樓板,是將樓板的梁、板預制成各種形式和規格的構件,在現場裝配而成。由于構件在工廠或現場預制,可節省模板,改善勞動條件,提高效率,加快施工進度。但裝配式樓板的整體性較現澆樓板差,并需要相應的起重安裝設備。

1.板的類型

根據預制構件是否施加了預應力,可分爲頂應力和非預應力兩種構件。

非預應力構件是指普通鋼筋混凝土構件,由于梁、板等都是受彎構件,而混凝土的抗拉能力很低,當構件受彎后,在受拉區的混凝土便很快出現裂縫,裂縫的開展不僅使構件的撓度增大、裂縫處的鋼筋失去保護而易銹蝕,同時還限制了鋼筋使用強度的充分發揮。但非預應力構件對材料、施工技術、施工設備等要求相對較低,目前仍廣泛采用。

爲克服非預應力構件這一缺點,在構件預制時對鋼筋預先進行張拉,產生預應力,放松鋼筋,使混凝土產生預加的壓應力。這樣構件受力后,在受拉區混凝土一部分拉應力被預加的混凝土壓應力抵消,這樣混凝土就不容易開裂或使裂縫寬度大大減小。預應力鋼筋混凝土構件的剛度大,受力后抗裂能力強,可以采用高强鋼材和高標號混凝土,充分發揮高強材料的作用。與非預應力構件比較,可節省鋼材 30% ~ 50%,節省混凝土 10% ~ 30%,減輕自重,降低造價。預應力構件對施工設備和施工技術有一定要求,所以有條件時應優先選用。

裝配式摟板有預制實心平板、空心板、槽形板、T 形板等。

(1)實心平板

預制實心平板(圖 5.3)因跨度小,重量輕,制作簡單,節約模板,造價較低,但隔聲效果差,易漏水,在板跨較大時因板厚增大則不經濟。常用作過道、厨房、厠所等處的樓板,也可作架空擱板、管道蓋板等。普通鋼筋混凝土平板的跨度一般等于或小于 2.5 m,常用板厚 50 ~ 80 mm,板寬約爲 400 ~ 900 mm 左右。板寬上下相差 20 mm 是爲了便于灌縫和識別方向。

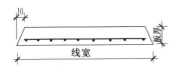 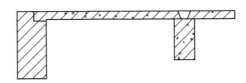

圖 5.3　預制實心板

(2)空心板

空心板(圖 5.4)是在民用建築中應用極爲廣泛的構件,由于它去掉了中性軸附近的混凝土形成孔洞,所以節省混凝土,也減輕了自重。

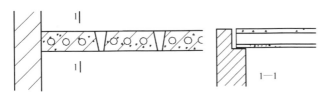

圖 5.4　預制空心板

空心板表面平整,板中孔洞還可敷設電氣管綫,而且有較好的隔音效果。其孔洞有圓孔、橢圓孔和方孔等。方孔能節省較多的混凝土,但脱模較爲困難,易出現裂縫。橢圓孔和圓孔增大了肋的截面面積,使板的剛度增强,對受力有利,同時抽芯脱模也較方便。目前多采用圓孔空心板。

空心板的規格尺寸,各地不盡相同,板厚多爲 110 ~ 180 mm,板寬 600 ~ 1 200 mm,非預應力空心板板跨多在 4 500 mm 以內,預應力空心板最大板跨可達 6 000 ~ 6 900 mm 左右。

空心板在安裝前,板的兩端孔內應用磚塊或混凝土填實。堵塞兩端的孔不僅能避免板端被上部墙體壓壞,也能增加隔聲和隔熱效果。

(3)槽形板

槽形板是由縱肋、橫肋和上板所組成,是一種梁板合一的構件(圖 5.5)。槽形板自重輕,制作與施工簡便,便于開設較大的管道洞口。但槽形板隔聲效果差,容易積灰。作用在槽形板上的荷載主要由兩側的縱肋承受,因此板可以做得很薄(30～35 mm)。爲了增加槽形板的剛度,在兩縱肋之間增加橫肋,在板的兩端以端肋封閉。

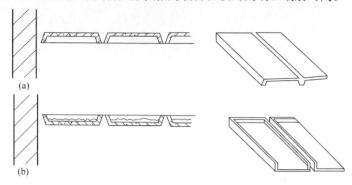

(a)

(b)

圖 5.5　槽形板

　　槽形板的常見跨度爲 3～6 m,肋高 150～300 mm,板寬有 600 mm、900 mm、1 200 mm 等。

　　槽形板分槽口向下(正槽板)和槽口向上(反槽板)兩種類型。正槽形板肋在板下面,受力合理,樓面平整,但下面有肋突出,對于要求天棚平齊的房間,要在板下做吊頂。反槽形板肋在板的上面,受力不很合理,對肋的質量要求較高,比正槽形板費鋼筋和混凝土,但板底平整,可利用槽口內的空間放置隔聲、隔熱材料,上面另做面層,較適合對樓面有特殊要求的房間。

　　(4)T 形板

　　T 形板有單 T 板和雙 T 板兩種(圖 5.6),也是一種梁板結合構件。T 形板具有跨度大、多功能的特點,可作樓板也可作牆板。T 形板板寬一般爲 1.2～2.4 m,跨度 6～12 m,板厚一般爲長度的 1/15～1/20。

　　T 形板一般用于較大跨度的民用建築和較大荷載的工業建築。

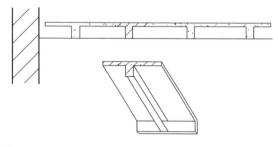

圖 5.6　T 形板

　　2.預制板的布置和細部處理

　　(1)板的布置方式

　　對建築方案進行樓板布置時,首先應根據房間的使用要求確定板的種類,再根據開間與進深尺寸確定樓板的支承方式,然后根據現有板的規格進行合理的安排。板的支承方式有板式和梁板式,預制板直接擱置在牆上的稱板式布置,若樓板支承在梁上,梁再擱置在墙上的稱爲梁板式布置(圖 5.7)。在確定板的規格時,應首選以房間的短邊長度作爲板跨。一般要求板的規格、類型愈少愈好。

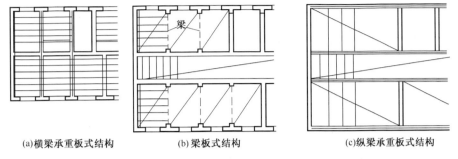

(a)橫梁承重板式结构   (b) 梁板式结构   (c)纵梁承重板式结构

圖 5.7   預制板結構布置

當采用梁板式支承方式時,板在梁上的擱置方案一般有兩種:一種是板直接擱在梁頂上,見圖 5.8(a);另一種是將板擱置在籃梁或十字梁兩翼上,見圖 5.8(b),板面與梁頂齊平,當梁高不變的情況下,這種方式相應的提高了室内净空高度,見圖 5.8(c)。

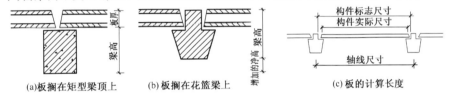

(a)板擱在矩型梁頂上   (b)板擱在花籃梁上   (c)板的計算長度

圖 5.8   板在梁上的擱置

(2)樓板的細部構造處理

①板縫處理。爲了便于板的安裝鋪設,板與板之間常留有 10～20 mm 的縫隙。爲了加強板的整體性,板縫内須灌入細石混凝土,并要求灌縫密實,避免在板縫處出現裂縫而影響樓板的使用和美觀。板的側縫構造一般有三種形式:V 形縫、U 形縫和凹槽縫,見圖 5.9。

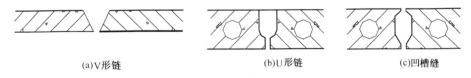

(a)V形链   (b)U形链   (c)凹槽缝

圖 5.9   側縫接縫形式

V 形縫與 U 形縫板縫構造簡單,便于灌縫,所以應用較廣,凹形縫有利于加強樓板的整體剛度,板縫能起到傳遞荷載的作用;使相鄰板能共同工作,但施工較麻煩。

當板縫≥50 mm 時,常在縫中配置鋼筋再灌以細石混凝土,見圖 5.10(a)、(b)。當縫寬 >120 mm時,采用鋼筋骨架現浇板帶處理,縫寬≤120 mm 時,可沿墻挑磚填縫,見圖 5.10(c)、(d)。

②樓板的擱置與錨固。預制板擱置在墙或梁上時,應保證有一定的擱置長度,在墙上的擱置長度不小于 90 mm;在梁上的擱置長度不少于 60 mm。擱置時必須在墙上或梁上鋪

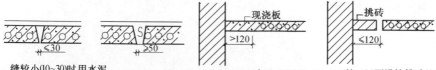

(a)縫较小(10~30)时用水泥砂浆或细石混凝土灌缝 (b)縫>50时,需配筋 (c)当縫<200时,用现浇板填补 (d)縫<120可沿墙挑砖处理

圖 5.10　板縫及板縫差的處理

以 M5 標號水泥砂漿 10 ~ 20 mm 厚(俗稱坐漿),以利于二者連接。

爲了增強樓板的整體剛度,特別是處于地基條件較差地段或地震區,應在板與墙及板端與板端連接處設置錨固鋼筋,如圖 5.11 所示。

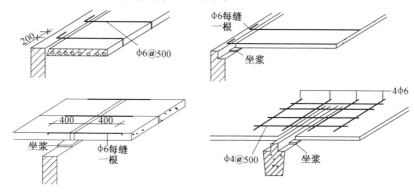

圖 5.11　板的錨固

③樓板上立隔墙的處理。隔墙若爲輕質材料時,可直接立于樓板之上。如果采用自重較大的材料,如黏土磚等作隔墙,則不宜將隔墙直接擱置在樓板上,特別應避免將隔墙的荷載集中在一塊樓板上。對有小梁擱置的樓板或槽形板,通常將隔墙擱置在小梁上或槽形板的邊肋上,見圖 5.12(a)、(b)。如果是空心板作樓板,可在隔墙下作現澆板帶或設置預制梁解決,見圖 5.12(c)。

(a)隔墙支承在墙上　　(b)隔墙支承在纵肋上　　(c)板缝配肋

圖 5.12　隔墙與樓板的關系

④板的面層處理。預制板鋪設的樓面上,由于預制構件的尺寸誤差或施工上的原因會造成板面不平,需做20 ~ 30 mm 厚水泥砂漿找平層。但爲增加樓板面層的整體性,宜做35 ~ 40 mm 厚細石混凝土整澆層;電綫管等小口徑管綫可以直接埋在整澆層內。裝修標準較低的建築物,可直接將水泥砂漿找平層或細石混凝土整澆層表面抹光,要求較高須在找平層上另做面層。

5.2.3 裝配整體式鋼筋混凝土樓板

1.密肋填充塊樓板

密肋填充塊樓板由密肋、樓板和填充塊叠合而成。這密肋小梁有現澆和預制兩種方式。

現澆密肋和現澆板組合在一起,以陶土空心磚或礦渣混凝土空心塊作爲肋間填塊,見圖 5.13(a),混凝土肋的間距隨磚塊的尺寸而异,一般在 300 ~ 600 mm 之間。肋間借磚塊周邊的凹槽與混凝土咬結,使樓板的整體性更强,面層板厚 40 ~ 50 mm。由于采用空心磚或塊填充,對隔聲、隔熱較爲有利,同時板底抹面后較爲平整,無需另作吊頂。此外,空心磚孔内可穿管綫,對節約空間也較爲有利。

也可在預制小梁間鋪置預制陶土空心磚、礦渣混凝土空心塊、煤渣空心磚以及預制磚拱塊等,然后現澆面層混凝土,見圖 5.13(b)、(c)。

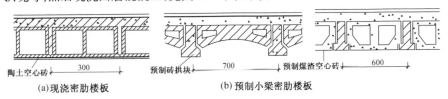

陶土空心磚 ⊢————300————⊣   預制磚拱塊 ⊢————700————⊣   預制煤渣空心磚 ⊢————600————⊣

(a)現澆密肋樓板   (b)預制小梁密肋樓板

圖 5.13　密肋樓板

2.叠合式樓板

叠合式樓板指用預制的預應力鋼筋混凝土薄板作底板,與現澆混凝土面層叠合而成的裝配整體式樓板(圖 5.14)。節省模板,整體性好,利于工業化施工;但叠合面處理困難。

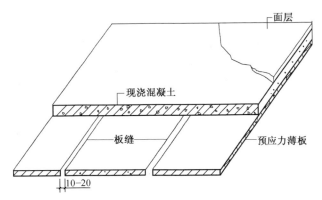

面層
現浇混凝土
板缝
预应力薄板
⊢10—20

圖 5.14　叠合式樓板

叠合式樓板的預制鋼筋混凝土薄板既是永久性模板承受施工荷載,也是整個樓板結構的一個組成部分。預應力鋼筋混凝土薄板内配以高强鋼絲作爲預應力筋,同時也是樓板的跨中受力鋼筋,板面現澆叠合層,只需配置少量的支座負彎矩鋼筋。所有樓板層中的管綫均可事先埋在叠合層内。預制薄板作底板底面平整,作爲頂棚可直接噴漿或黏貼裝飾頂棚壁紙。

疊合樓板跨度一般爲 4~6 m,最大可達 9 m;以 5.4 m 以內較爲經濟,預應力薄板厚度根據結構計算確定,通常爲 60~70 mm,板寬 1.1~1.8 m;板間應留 10~20 mm 的空隙。現澆疊合層的混凝土標號爲 C20,厚度一般爲 70~120 mm。疊合樓板的總厚度取决于板的跨度,一般爲 150~200 mm。

5.2.4 頂棚構造

頂棚又稱天花或天棚,頂棚可以提高室內的裝飾效果。頂棚的高低、造型、色彩、照明和細部處理,對人們的空間感受具有相當重要的影響。頂棚往往具有保温、隔熱、隔聲、吸音或反射聲音等作用,而且可以增加室內亮度。此外,人們還經常利用吊頂棚內的有限空間來處理好人工照明、空氣調節、音響、防火技術等問題。

頂棚可分爲直接抹灰頂棚和吊頂棚兩大類。

1.直接抹灰頂棚

直接式頂棚是在屋面板、樓板等的底面進行直接噴漿、抹灰或黏貼墙紙等而達到裝飾目的。此類頂棚的構造一般與內墻飾面的抹灰類、涂刷類、裱糊類基本相同。

直接抹灰頂棚常用的抹灰材料有紙筋灰抹灰、石灰砂漿抹灰、水泥砂漿抹灰等。其具體做法是:先在頂棚的基層即樓板底面,刷一遍純水泥漿,使抹灰層能與基層很好地黏合,然后用混合砂漿打底,再做面層。噴刷類頂棚是在屋面板底或樓板底直接用漿料噴刷而成的。其常用材料有石灰漿、大白漿、色粉漿、彩色水泥漿、可賽銀等。對于要求較高的房間頂棚,可以采用貼墙紙、貼墙布以及用其他一些織物直接裱糊而成。

2.吊頂棚

吊頂棚簡稱"吊頂"。對一些隔聲或吸聲要求較高,或樓板底部不平而又需要平整,或在樓板底敷設管綫的房間,常在樓板的下部空間作吊頂。

(1)吊頂的組成

吊頂在構造上由吊筋、支承結構、基層和面層 4 個部分組成。

吊筋:吊筋有木吊筋和圓鋼或扁鋼吊筋,它上部與屋頂或樓板的結構構件相連接,下部與頂棚的支承結構相連接。

支承結構:吊頂的支承結構是主龍骨,由吊筋懸吊在屋頂檩條或樓板、屋面板下(圖5.15)。主龍骨一般垂直屋架或主梁布置,間距約 1.5 m,材料可用圓木、方木或金屬型材。斷面尺寸由結構計算確定。吊筋和主龍骨的連接,根據不同材料,采用釘、螺栓、勾挂、焊接等方法。

基層:吊頂基層是用來固定面層的,它由次龍骨和間距龍骨組合成吊頂棚架(圖 5.16)。骨架材料有木材、型鋼或輕金屬型材,其布置形式及間距視面層材料而定。次龍骨間距不大于 600 mm,次龍骨與主龍骨的連接可采用鋼絲或小方木,連接方式根據不同材料分別采用釘、螺栓、勾挂或焊接等不同方法。

面層:面層即吊頂的飾面部分。一般吊頂以飾面材料的不同而分別命名。如板條抹灰吊頂、鋼板網抹灰吊頂、纖維板吊頂、石膏板吊頂、礦棉板吊頂、金屬板吊頂等。

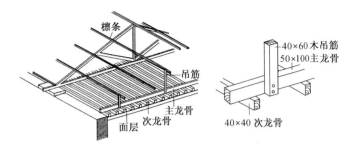

圖 5.15　木骨架吊頂的組成

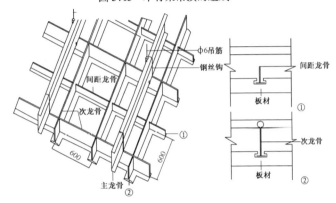

圖 5.16　金屬骨架吊頂的組成

（2）吊頂的分類

吊頂由于基層材料的不同可分爲木骨架吊頂和金屬骨架吊頂。由于面層材料及構造做法不同可分爲抹灰類吊頂和板材類吊頂。

常見的抹灰類吊頂有板條抹灰、板條鋼板網抹灰、鋼板網抹灰等幾種。

板材類吊頂可分爲植物板材吊頂、礦物板材吊頂和金屬板材吊頂幾種。

常見的植物板材吊頂有木板、膠合板、硬或軟質纖維板、裝飾吸音板、木絲板、刨花板等板材吊頂。礦物板材吊頂用石棉水泥板、石膏板、礦棉板及玻璃棉板等成品板材作面層，一般用于金屬龍骨基層。金屬板材吊頂是用輕質金屬板材，如鋁合金板、薄鋼板、鍍鋅鐵皮板等作面層的。常用的板材有壓型薄鋼板和鑄軋鋁合金型材兩類。

（3）吊頂的構造

①灰板條抹灰吊頂和板條鋼板網抹灰吊頂。抹灰類吊頂表面平整光潔，整體感好，也被稱爲"整體式吊頂"。用于要求表面大面積平滑或有比較特殊的形體，如曲面、折面時，往往可取得較好效果。

灰板條抹灰吊頂一般采用木龍骨。主龍骨斷面尺寸由結構計算確定，中距不超過1.5 m，次龍骨（單向或雙向布置）斷面爲 40 mm × 40 mm，中距爲 400 mm ~ 600 mm。板條的截面尺寸以 10 mm × 30 mm 爲宜，灰口縫隙 8 mm ~ 10 mm，以利于灰漿擠入嵌牢。板條接頭處不得空懸，并錯開排列，以免板條變形而造成抹灰開裂。板條抹灰一般采用紙筋灰，其做法同紙筋灰内墙面（圖 5.17）。

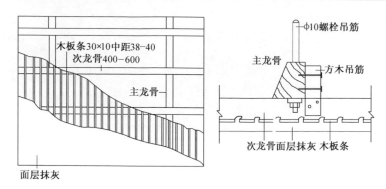

圖 5.17 灰板條抹灰吊頂

　　灰板條抹灰吊頂的構造簡單,但粉刷層受震動易開裂掉灰,且不防火,所以使用時受一定限制。爲使灰漿與基層結合得更好,可在板條上加釘一層鋼絲網,鋼絲網網眼不大於 10 mm,這樣,板條的中距可由前者的 38 ~ 40 mm 加寬至 60 mm,如圖 5.18 所示。

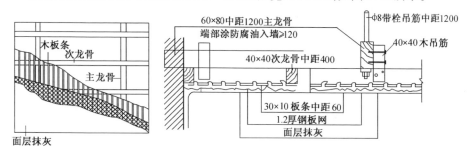

圖 5.18 板條鋼板網抹灰

　　②人工合成植物板材吊頂。人工合成植物板材如膠合板(三合板或五合板)、硬質纖維板、軟質纖維板、裝飾軟質纖維板、裝飾吸音板、木絲板、刨花板等,這類板材的構造作法及原理基本相同,一般均用木龍骨。作基層的龍骨必須結合板材的規格進行布置。龍骨中距最小尺寸 305 mm × 305 mm,最大尺寸 610 mm × 610 mm,超過 610 mm 時,中間應加小龍骨(即間距龍骨),龍骨斷面爲 50 mm × 50 mm,如圖 5.19 所示。

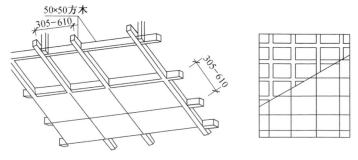

圖 5.19 膠合板面頂棚

　　板面根據需要可噴色漿、油漿,亦可裱糊墙布或錦緞。如需做吸聲構造時,可在板材表面鑽孔,并在上部鋪設吸音材料,如礦棉、玻璃棉等。鑽孔可按各種圖案進行,孔眼直徑和間距由聲學要求來確定。

　　板縫拼接處可爲立槽縫或斜槽縫,或不留縫槽而用紗布或棉紙黏貼,如圖 5.20 所示。

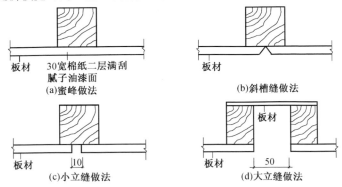

圖 5.20　板縫做法

　　③石膏裝飾吸聲板吊頂。用于頂棚的石膏裝飾吸聲板有普通型的和紙面石膏裝飾吸聲板兩種。常見規格爲 300 ~ 600 mm 見方,厚度 9 ~ 12 mm。

　　石膏裝飾吸聲板吊頂一般采用薄壁輕鋼龍骨。不上人的吊頂多采用 φ6 鋼筋或帶螺栓的 φ9 鋼筋作吊筋,間距 900 ~ 1 200 mm。次龍骨采用各種吊件與主龍骨連接,次龍骨的間距根據板的規格而定。

　　板材固定在次龍骨上,其固定方式有挂結方式、卡結方式和釘結方式三種。

　　④礦棉板和玻璃棉板吊頂。礦棉板和玻璃板質輕、吸聲、保温、耐燃、耐高温,特別適合于有一定防火要求的頂棚。它們可以作爲吸聲板,直接用于頂棚或與其他材料結合使用,成爲吸聲頂棚。這兩種板材多爲方形或矩形,方形時邊長 300 ~ 600 mm,厚度 12 ~ 50 mm不等,可直接安裝在金屬龍骨上。安裝方式可分爲全露明式、半露明式和全隱蔽式三種(圖 5.21)。

5.3　樓地面的種類、組成、材料和構造

5.3.1　樓地面的種類、組成與要求

1.樓地面的種類

　　地面可歸納爲四類:整體地面、塊料地面、木地面和人造軟制品地面。

2.樓地面的組成

　　人們常將"樓面"與"地面"統稱爲"樓地面",這是因爲樓地面的功能及使用要求基本相同,在基本構造組成上又有很多共同之處。由于支承結構不同,它們又各有特點,樓板結構的彈性變形較小,而地面承重層的彈性變形較大。樓地面均由基層、墊層和面層三部分組成。

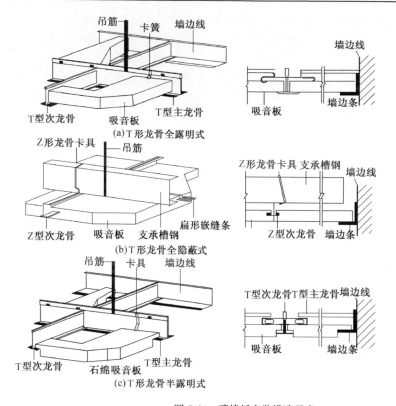

圖 5.21　礦棉板安裝構造示意

樓地面的構造如圖 5.22 所示。

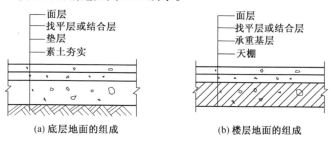

圖 5.22　樓地面的基本構造組成

　　基層的作用是承受其上面的全部荷載,因此,基層必須堅固、穩定。地面的基層多爲素土、灰土或三合土,并分層夯實。樓面的基層即是樓板。

　　墊層位于基層之上、面層之下,是承受和傳遞面層荷載的構造層次。樓層的墊層,具有隔聲和找坡作用,無特殊需要一般不設。根據材料性質的不同,墊層分爲剛性墊層和柔性墊層兩種。

　　剛性墊層的整體剛度好,受力后不產生塑性變形。一般采用 C7.5 ~ C10 混凝土,這種墊層多用于整體面層下面或小塊料的面層下面。柔性墊層無整體剛度,受力后會產生塑性變形。一般由松散狀的材料組成,如砂、碎石、爐渣、礦渣、灰土等。

面層是樓地面的最上層,一般樓地面均以面層材料來命名。面層與人們直接接觸,也承受外界各種物理化學作用。因此,根據不同的材料與要求,面層的構造做法也各不相同。

3.樓地面的設計要求

(1)足够的堅固性

地面應當不易被磨損、破壞,表面平整光潔,易清潔,不起灰。并對樓地層的結構層起保護作用。

(2)良好的保温性和彈性

從人們使用的角度考慮,地面材料導熱系數要小,以免冬季給人過冷的感覺。考慮人行走的感受,面層材料不宜過硬,有彈性的面層也有利于減少噪聲。

(3)具有良好的防潮、防火和耐腐蝕性

對于一些特別潮濕的房間,如浴室、衛生間、厨房等,要求耐潮濕、不透水;有火源的房間,地面應防火、不燃燒;有酸碱腐蝕的房間,地面應具有防腐蝕能力。

(4)滿足美觀要求

應與墙面、頂棚等統一考慮色彩、肌理、光影等,并與室内空間的使用性質相協調。

5.3.2 地面的材料與構造

1.整體地面

整體地面指水泥地面、混凝土地面、水磨石地面等在現場整澆而成的地面。

(1)水泥地面

水泥地面構造簡單,堅固防水,造價較低,在一般民用建築中采用較多。但吸熱系數大,冬天感覺較冷,在空氣相對濕度較大時易産生凝結水,而且表面易起灰,不易清潔。

水泥地面較簡單的做法,通常又稱之爲"隨搗隨抹光法",是在混凝土墊層澆好后,用鐵輥壓漿,待水泛到表面時撒 1∶1 水泥黄沙,然后用鐵板抹光。這種做法又稱混凝土地面,比較經濟,但是水泥表面較薄,容易磨損。

水泥地面通常的做法是:在結構層(墊層)上抹水泥砂漿;一般有雙層和單層兩種。雙層先用 15 ~ 20 mm 厚 1∶3 水泥砂漿打底作找平層,面層用 5 ~ 10 mm 厚 1∶2水泥砂漿抹面;單層只是在基層上抹一層 15 ~ 20 mm 厚 1∶2.5 水泥砂漿,抹平后待其終凝前用鐵板抹光。雙層的施工雖復雜,但開裂較少。

在水泥中摻入一些顏料,可以做成不同顏色的地面。圖 5.23 爲摻有氧化鐵紅的礬紅水泥地面構造示意。

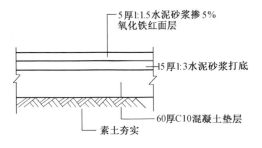

圖 5.23 礬紅水泥地面構造

爲了提高水泥地面的耐磨性和光潔度,常用干硬性水泥做原料;或用石屑代替砂作骨料,表面用磨光機磨光,稱爲豆石地面或瓜米石地面,這種地面性能近似水磨石,但造價僅爲水磨石的 50%。在一般水泥地面上涂抹氟硅酸或氟硅酸鹽溶液,形成"氟化水泥地面"。一些有防滑要求的水泥地面,可將面層做成各種紋樣的粗糙表面,這種地面稱爲"防滑水泥地面"。

(2)現澆水磨石地面

水磨石地面,又稱"磨石子地面",它是將天然石料(大理石、白雲石等中等硬度石料)的石屑,用水泥漿拌和在一起,澆抹結硬再經磨光、打蠟而成的。

水磨石地面具有與天然石料近似的耐磨性、耐久性、耐酸鹼性,其表面光潔,不易起灰,有良好的抗水性,但導熱系數大,并且比水泥地面更易反潮。

現澆水磨石地面的構造,一般分爲兩層,底層用 1:3 水泥砂漿 12~15 mm 厚找平。面層由 85% 的石屑和 15% 的水泥漿構成,其厚度一般隨石子粒徑的變化而定。當石子粒徑爲 4~12 mm 時,其厚度爲 10~15 mm;當石子粒徑在 12 mm 以上時,厚度也隨之增加。現澆水磨石地面也可以用大于 30 mm 的石粒,甚至用破碎大理石構成不同風格的花紋。水磨石面層不得摻砂、否則容易出現孔隙,見圖 5.24(a)。

美術水磨石是采用白水泥加石屑,或彩色水泥加石屑制成的。由于所用石屑的色彩、粒徑、形狀、級配不同,可構成不同色彩、紋理的圖案,既可以用白水泥、彩色石粒,也可以用彩色水泥和彩色石粒制作。

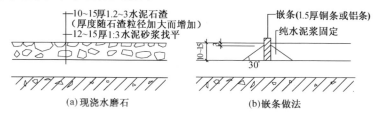

图5.24 現澆水磨石樓地面構造

現澆水磨石地面是在施工現場進行拌料、澆抹、養護和磨光而成的。現澆時,采用嵌條進行分格,可選用 2~3 mm 厚的銅條、鋁條或玻璃條,見圖 5.24(b),分格大小隨設計而異,亦可按設計要求做成各種花紋或圖案;同時,要注意防止因氣溫產生不規則裂縫。

2.板塊料地面

板塊料地面,是指用膠結材料將預加工好的板塊狀地面材料,如預制水磨石板、大理石板、花崗岩板、缸磚、陶瓷錦磚、水泥磚等,用鋪砌或黏貼的方式,使之與基層黏結固定所形成的地面。這類地面有花色多、品種全、經久耐用、易于保持清潔等優點,但有造價偏高、工效低等缺點。

板塊料地面通常用于人流較大、耐磨損、保持清潔等方面要求較高的場所,或者比較潮濕的地方。但彈性差,保溫與隔聲性能較差,一般不宜用于居室、賓館客房等處,也不適宜用于人們要長時間逗留、行走或需要保持高度安靜的地方。

板塊料地面要求鋪砌和黏貼平整,一般膠結材料既起膠結作用又起找平作用,也有先做找平層再做膠結層的。常用的膠結材料有水泥砂漿、瀝青瑪碲脂等,也有用砂或細爐渣作爲結合層的。

(1)陶瓷錦磚地面

陶瓷錦磚又稱馬賽克,是一種小尺寸的瓷磚。根據它的花色品種,可以拼成各種花紋,故名"錦磚"。陶瓷錦磚表面光滑,質地堅實,色澤多樣,比較經久耐用,并耐酸碱、防火、耐磨、不透水、易清洗。陶瓷錦磚經常被用于浴廁、厨房、化驗室等處地面。

陶瓷錦磚的形狀較多,正方形的一般爲:15~39 mm 見方,厚度爲 4 mm 或 5 mm。在工廠內預先按設計的圖案拼好;然后將其正面黏貼在牛皮紙上,成爲 300~600 mm 見方的大張,塊與塊之間留有 1mm 的縫隙。拼貼完畢后洗去牛皮紙,并用白水泥嵌縫,如圖 5.25 所示。

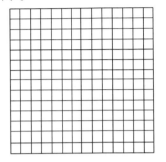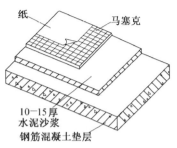

圖 5.25　馬賽克地面

(2)陶瓷地磚地面

陶瓷地磚又稱墻地磚,分無釉亞光和彩釉拋光兩大類。它們的色彩與形狀都很豐富,以正方形與長方形的比較常見,正方形的一般邊長在 150~400 mm 之間,厚度 6~10 mm,塊較大時裝飾效果較好,且施工方便。

陶瓷地磚一般背面均有凹槽,使磚塊能與結構層黏結牢固。鋪貼時,必須注意平整,保持縱橫平直,膠結材料用 10 mm 厚 1:2 干硬性水泥砂漿,鋪貼完畢需用干水泥擦縫,如圖 5.26 所示。

(3)預制板、塊料地面

常見的預制板、塊料主要有預制水磨石板,預制混凝土板及大階磚的水泥花磚等。其尺寸一般爲 200~500 mm 見方,厚約 20~50 mm。圖 5.27 爲預制水磨石板示意圖,它與現澆水磨石相比,能夠提高施工機械化水平,減輕勞動强度、提高質量、縮短工期,但是它的厚度較大,自重大,價格也較高。

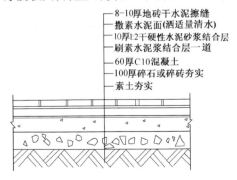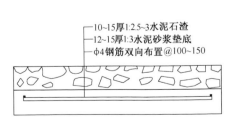

圖 5.26　陶瓷地磚地面　　　　　圖 5.27　預制水磨石板構造

預制板塊與基層的連接有兩種方式:用松散材料鋪貼和用膠凝材料粘貼,見圖 5.28(a)。

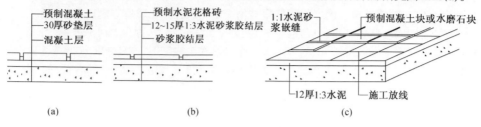

圖 5.28　預制塊地面構造

(4)大理石地面

大理石具有斑駁紋理,色澤鮮艷美麗,其硬度比花崗岩稍差,一般多用于室内裝修。用于室内地面的大理石板多爲經過磨光的鏡面板,一般厚度 20～30 mm,每塊大小 300～600 mm 見方。方整的大理石板,多采用緊拼對縫,接縫不大于 1 mm,鋪貼后用純水泥掃縫;鋪貼完畢應黏貼紙或覆蓋麻袋加以保護,待結合層水泥強度達 60%～70%后,方可進行細磨和打蠟。如果是防水要求較高的樓面,則可預鋪防水層及采用瀝青油膏作爲黏結材料,如圖 5.29 所示。

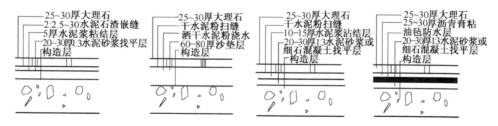

圖 5.29　大理石地面構造

3.木地面

木地面是指表面由木板鋪釘或膠合而成的地面。它不僅具有良好的彈性、蓄熱性和接觸感,而且還具有不起灰、易清潔、不反潮等特點,所以常用于住宅卧室、賓館客房等。

木地板有長條木地板和拼花木地板兩種。常用的硬木地板規格參見表 5.1。

表 5.1　常用硬木地板的規格與樹種

| 類　別 | 層次 | 規格/mm | | | 常　用　樹　種 | 附　注 |
		厚	長	寬		
長條地板	面	12～18	＞800	30～50	硬雜木、柞木、色木、水曲柳	
	底	25～50	＞800	75～150	杉木、松木	
拼花地板	面	12～18	200～300	25～40	水曲柳、核桃木、柞木、柳安	單層硬木拼花僅能用于實鋪法
	底	25～30	＞800	75～150	杉木、松木	

長條地板應順序間采光方向鋪設,走道則沿行走方向鋪設,以避免暴露施工中留下的凹凸不平的缺陷,也可減少磨損、方便清掃。

拼花地板可以在現場拼裝,也可以在工廠預制成 200 ~ 400 mm 見方的板材,然后運到工地進行鋪釘。拼板應選用耐水、防腐的膠水黏結。

木地面有空鋪式地面、實鋪式地面、彈性地面、彈簧地面等多種做法。

(1)空鋪式木地面

空鋪式木地面常用于底層地面,主要指支承木地板的擱栅架空擱置,使地面下有足够的空間以便通風保持干燥,防止擱栅腐爛損壞。當房間開間尺寸不大時,擱栅兩端可直接擱置在磚墙上;當開間尺寸較大時,常在下面增設地壟墙或磚墩支承擱栅。地壟墙中距約 800 mm。爲了防止地面的潮氣上升導致木材腐蝕,地面上應滿鋪一層灰土、碎磚三合土或混凝土。

擱栅可用圓木或方木,圓木直徑常爲 100 ~ 200 mm,方木爲(50 ~ 60)mm ×(100 ~ 200)mm,中距 400 mm。爲了保證擱栅端頭均匀傳力,須沿地壟墙上放置 500 mm × 100 mm 截面的通長墊木(又稱沿游木),在柱墩處可用 50 mm × 120 mm × 120 mm 的墊塊;墊木(塊)作防腐處理,并在其下鋪油氈一層或抹 20 mm 厚 1:2 水泥砂漿一層,如圖 5.30 所示。

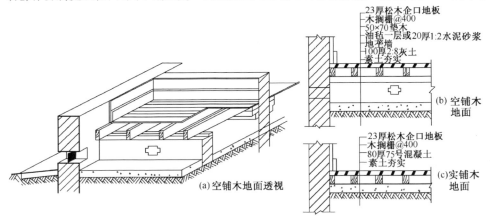

(a)空铺木地面透视

(b)空铺木地面

23厚松木企口地板
木擱栅@400
50×70墊木
油毡一层或20厚1:2水泥砂浆
地壟墙
100厚2:8灰土
素土夯实

(c)实铺木地面

23厚松木企口地板
木擱栅@400
80厚75号混凝土
素土夯实

圖 5.30 木地面構造

擱栅上鋪釘木地板,并做成半縫、錯口縫、企口縫和銷板縫等幾種拼縫形式。爲防止木板翹曲,應在板底刨一凹槽,并盡量使心材的一面向下(圖 5.31)。木板須用暗釘,以便于表面刨光或油漆。

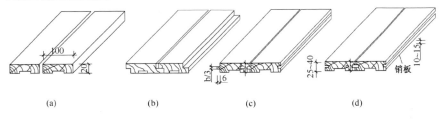

(a) (b) (c) (d)

圖 5.31 木地面構造

當面層采用拼花地面時,須采用雙層木板鋪釘,下層板稱毛板,可采用普通木料,截面一般爲 20 mm × 100 mm,且與擱柵呈 45°方向鋪釘。面層則采用硬木拼花,拼花形式根據設計圖案確定。如果是硬條木雙層地板,其毛板的做法相同。

空鋪木地面外墻應留通風洞,地壟墻上也應設通風洞,墻洞口上爲防止蟲鼠進入要加鐵絲網罩。在北方寒冷地區冬季應堵嚴保溫。

(2)實鋪式木地面

實鋪式木地面,是指直接在實體基層上鋪設的木地面。如在鋼筋混凝土樓板或在混凝土墊層上直接做木地面。這種做法構造簡單,結構安全可靠,節約木材,所以被廣泛采用。實鋪式木地面有擱柵式與直接黏貼式兩種方法。

①擱柵式。擱柵式實鋪木地面是在結構基層找平的基礎上,固定梯形或矩形的木擱柵。擱柵截面較小,矩形一般爲 50 mm × 50 mm,中距 400 mm。擱柵借助于預埋在結構層內的 U 形鐵件嵌固或用鍍鋅鐵絲扎牢。底層地面爲了防潮,須在結構找平后涂冷底子油和熱瀝青各一道爲保證木擱柵層通風干燥,通常在木地板與墻面之間留有 10 ~ 20 mm 的空隙,并可在踢腳板上設通風孔,擱柵式實鋪木地面可以雙層或單層鋪釘,如圖 5.32(a)、(b)所示。

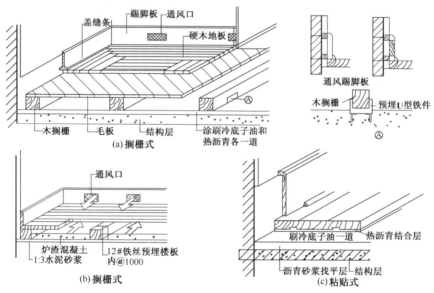

圖 5.32　實鋪式木地板

②粘貼式。粘貼式實鋪木地面是在結構層上做好找平層,然后用黏結材料,將木板直接粘貼上,如圖 5.32(c)所示。粘貼式地面省去了擱柵和毛板,可節約木板 30% ~ 50%。因此,它具有結構高度小,經濟性好等優點,但是地板的彈性差,使用中維修困難。

4.人造軟制品地面

常用于地面裝修的人造軟制品,有油地氈、塑料制品、橡膠制品及地毯等幾種。按制品成型的不同,人造軟制品可分爲塊材與卷材兩類。塊材可以拼成各種圖案,施工靈活,修補簡單;卷材整體性較好,但施工繁重,修理不便。

下面以軟質聚氯乙烯地面和半硬質聚氯乙烯地板爲例,説明卷材和塊材的鋪貼方法。

(1)軟質聚氯乙烯地面

軟質聚氯乙烯地面,是由聚氯乙烯(PVC)樹脂、增塑劑、穩定劑、填充料和顏料等摻和制成的熱塑性塑料制品,其幅面寬一般爲 1 800 mm 或 2 000 mm。

軟質卷材地面黏貼時,應選用與制品相配套的黏貼劑。黏結劑的黏結強度應不小于 2 kg/cm²,對面板與基層均不能有腐蝕性,便于施工。當處于 60℃ 以下的温度時,黏結劑應具有良好的穩定性。

施工時,首先應進行基層處理。即要求水泥砂漿找平層平整,光潔,無突出物、灰塵、砂粒等,含水量應在 10% 以下。如在施工前刷一道冷底子油,可增加黏結劑與基層的附着力。

卷材應先在地面上松卷攤開,静置一段時間,使其充分收縮,以免横向伸長産生相碰翹邊。然后,根據房間尺寸和卷材寬度及花紋圖案劃出鋪貼控制綫,卷材按控制綫鋪平后,對準花紋條格剪截。涂黏結劑時,從一面墻開始,涂刷厚度要求均匀,接縫邊沿留 50 mm 暫不涂刷。涂刷后約 3~5 min,使膠淌平,等部分溶劑揮發后再進行黏貼,先黏貼一幅的一半,再涂刷、黏貼另一半。鋪貼后,由中間往兩邊用滾筒趕壓鋪平,排除空氣,如圖 5.33所示。

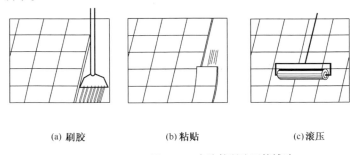

(a) 刷胶　　　　　　(b) 粘貼　　　　　　(c) 滾压

圖 5.33　人造軟質地面的鋪貼

鋪第二幅卷材時,爲了接縫密實,可采用叠割法。其方法是:在接縫處搭接 20~50 mm,然后居中軸綫,用鋼板尺壓在綫上或用鐵塊緊壓切割,再撕掉邊條補涂膠液,壓實黏牢,用滾筒滾壓平整,如圖 5.34 所示。

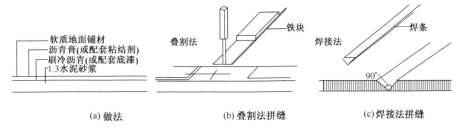

软质地面铺材
沥青膏(或配套粘结剂)
刷冷沥青(或配套底漆)
1:3水泥砂浆

叠割法　　　　　铁块

焊接法　　　焊条

90°

(a) 做法　　　　　　(b) 叠割法拼缝　　　　　(c)焊接法拼缝

圖 5.34　人造軟質地面構造

軟質卷材地板也可以不用黏結劑,采用拼焊法鋪貼。其方法是:將地板切成斜口,用三角形塑料焊條和電熱焊槍進行焊接,如圖 5.34 所示。采用拼焊法可將塑料地面接成整張地毯,空鋪于找平層上,四周與墻身留有伸縮縫隙,以防地毯熱脹起拱。

(2)半硬質聚氯乙烯地板

半硬質聚氯乙烯地板采用聚氯乙烯及其共聚體爲樹脂,加入填充料和少量的增塑劑、穩定劑、潤滑劑、顔料而制成。它一般爲塊材,以正方形和長方形比較常見,邊長 100 ~ 500 mm。黏貼前,必須做好清理基層及畫綫定位等準備工作。一般以房間幾何中心爲中心點。劃出相互垂直的兩條定位綫,通常有十字形、丁字形和 T 形等劃分方式,如圖 5.35 所示。

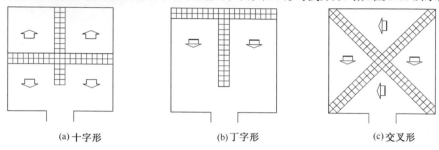

(a)十字形   (b)丁字形   (c)交叉形

圖 5.35 塑料塊材地板劃分定位綫

鋪貼通常從中心綫開始,逐排進行。T 形可從一端向另一端鋪貼。排縫一般爲 0.3 ~ 0.5 mm。常選用聚氨酯或氯丁橡膠作爲膠結劑,刷涂時厚度不宜超過 1 mm,刷涂面積不宜過大;對位黏上后,用橡膠滾筒或橡皮錘,從板中央向四周滾壓或錘擊,以排除空氣,壓嚴錘實,并及時將板縫內擠出的膠液用棉紗頭擦净。

5.樓地面踢脚板的構造

踢脚板又稱踢脚綫,是樓地面與内墻面相交處的一個重要構造節點。它的主要作用是遮蓋樓地面與墻面的接縫;保護地面,以防搬運東西、行走或清潔衛生時將墻面弄臟。

踢脚板的材料與樓地面的材料基本相同,所以在構造上常將其與地面歸爲一類。踢脚板的一般高度爲 100 ~ 180 mm。常見構造做法如圖 5.36 所示。

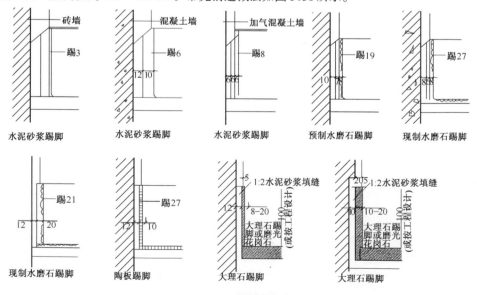

水泥砂漿踢脚   水泥砂漿踢脚   水泥砂漿踢脚   預制水磨石踢脚   現制水磨石踢脚

現制水磨石踢脚   陶板踢脚   大理石踢脚   大理石踢脚

圖 5.36 踢脚板構造

5.4 陽臺和雨篷的構造

5.4.1 陽臺的類型及要求

陽臺按其與外墙面的關系可分爲挑陽臺、凹陽臺和半挑半凹陽臺(圖 5.37)。陽臺的設計應滿足以下要求:

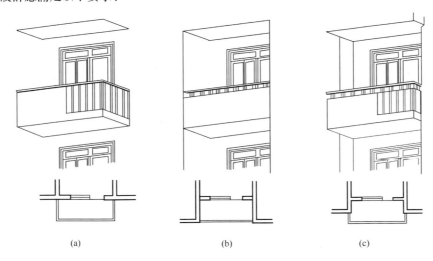

(a)　　　　　　　　　　(b)　　　　　　　　　　(c)

圖 5.37　陽臺的類型

1.安全、堅固、耐久

挑陽臺爲懸臂結構,應保證在荷載作用下不致傾覆,其挑出長度應滿足結構計算要求。陽臺欄杆(欄板)、扶手及與外墙的連接應牢靠。陽臺扶手高度不應小于 1.05 m,高層建築適當提高。由于陽臺暴露在大氣中,所以所選用材料和構造方法都必須經久耐用,承重結構一般選用鋼筋混凝土,金屬配件應注意防銹處理,表面處理也應耐久和抗污染。

2.解決好排水問題

陽臺地面標高應低于室内標高 40 mm 左右,以免雨水流入室内。陽臺排水一般采用外排水方式,在側壁貼近地面外安裝 φ50 塑料排水管,將水直接導出或引入雨水管,排水管應伸出陽臺欄板外 80 mm,以免污水影響下層陽臺,并應注意與外墙面保持距離,或做成有組織排水的形式。陽臺地面應有 1% 的排水坡度使水流向排水管。

3.美觀

陽臺有多種多樣的造型,豐富建築物立面效果。

4.便于施工

盡可能采用現場作業,在施工條件許可情況下,宜采用大型裝配式構件。

5.4.2 陽臺的承重結構布置

陽臺承重結構通常是樓板的一部分,因此應與樓板的結構布置統一考慮。鋼筋混凝土陽臺可采用現澆或裝配兩種施工方式。

凹陽臺的結構比較簡單,陽臺板可直接由陽臺兩邊的墙支承,板的跨度與房屋開間尺寸相同,采用現澆或預制均可。

挑陽臺的結構有以下幾種方式:

1.挑梁式

即在陽臺兩邊設置挑梁,挑梁上擱板,見圖5.38(a)。這種方式構造簡單,施工方便,陽臺板與樓板規格一致,是較常用的一種方式。陽臺正面可露出挑梁頭,也可以在陽臺板下設邊梁,將挑梁頭封住以連成一體。挑梁式也可以采用現澆方式,將挑梁、邊梁以及圈梁、陽臺板,甚至于欄板現澆成一個整體,以增加陽臺的整體剛度。

2.挑板式

挑板式是一種懸臂板結構,如圖5.38(b)所示。陽臺板的一部分作爲樓板壓在墙內,一部分作爲陽臺出挑,有現澆和預制兩種形式。

3.壓梁式

這種方式的陽臺板與外墙上的梁澆在一起,多爲現澆式,見圖5.38(c)。外墙是非承重墙時陽臺板靠墙梁與梁上墙的自重平衡;外墙是承重墙時陽臺板靠墙梁和梁上支承的樓板荷載平衡。也可以將梁和陽臺板預制成一個構件,見圖5.38(d)。

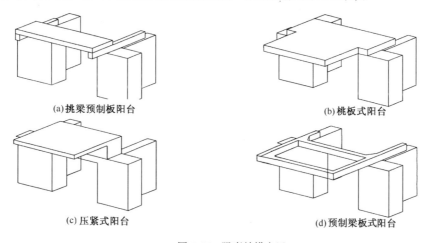

(a)挑梁預制板陽台

(b)桃板式陽台

(c)压紧式陽台

(d)预制梁板式陽台

圖5.38　陽臺結構布置

4.轉角陽臺

轉角陽臺的結構處理也可以采用挑梁和挑板兩種方式或采取現澆的辦法。圖5.39(a)爲現澆挑梁和轉角陽臺板,其余板樓板預制;圖5.39(b)爲雙向挑出預制板。

5.4.3　陽臺的欄杆與欄板

陽臺立面可以用漏空的欄杆,也可以用實心的欄板。常用的欄杆有金屬欄杆或鋼筋混凝土欄杆;常用的欄板有磚砌欄板和鋼筋混凝土欄板。金屬欄杆以鑄鐵、方鋼、圓鋼、角鋼、扁鋼、鋼管、不銹鋼管等居多;普通鋼欄杆較易受腐蝕。磚砌欄板自重大、抗震性能差、占空間較多。鋼筋混凝土欄杆與欄板造型豐富,可虛可實,結構安全可靠,整體性好,耐久

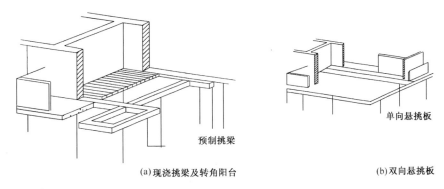

(a)現澆挑梁及轉角陽台　　　　(b)雙向懸挑板

圖 5.39　轉角陽臺結構布置

性好,自重較輕而且拼裝方便。因此,鋼筋混凝土欄杆與欄板應用較爲廣泛。

欄杆與欄板可以相互組合以取得多種效果(圖 5.40)。

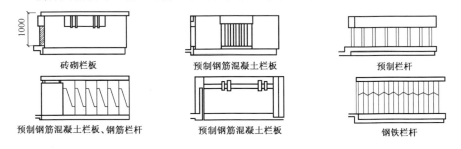

圖 5.40　各種欄杆、欄板形式

欄杆和欄板與扶手及混凝土陽臺板間的連接固定是關系到安全的大問題,必須穩固而持久。由于材料不同,其構造處理也不盡相同,如圖 5.41 所示。

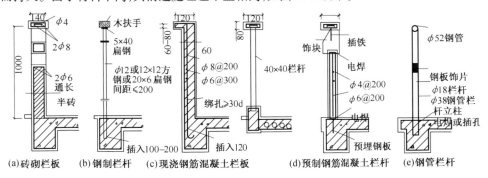

圖 5.41　各種欄杆、杆板及扶手的連接

磚砌欄板及磚與混凝土花格、扶手組合的欄板構造比較簡單,通常用標準磚及 M5 混合砂漿砌築,陽臺轉角處設 120 mm × 120 mm 構造柱,并在高度方向每隔 150 mm 雙向伸出兩根 $\phi6$ 鋼筋 1.0 m 長砌入欄板磚縫內,構造柱下部與陽臺板連接,上部與混凝土扶手連接。鋼筋混凝土扶手與外墻連接處須伸出鋼筋 200 mm 長至外墻預留洞內,用 C20 細石

混凝土填實,如圖 5.42 所示。

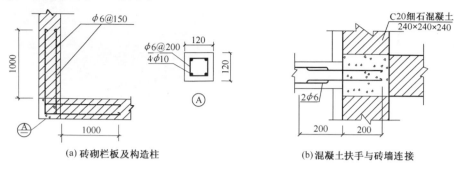

(a) 磚砌栏板及构造柱　　　(b) 混凝土扶手与砖墙连接

圖 5.42　磚砌欄板及混凝土扶手

　　金屬欄杆應使構件做成開腳狀或彎鈎等澆入陽臺板或墙内,用細石混凝土灌實,并應至少伸入墙内 100~150 mm,或者與墙或板内預埋鋼板焊牢。

　　鋼筋混凝土欄杆與欄板有現澆欄板和預制構件安裝兩種。現澆欄板可以連扶手一起現澆,與陽臺底板的連接可利用底板内伸出鋼筋與欄板鋼筋用綁扎或焊接的方法。預制欄板之間的拼接及與陽臺板、立柱、外墙的連接均可采用預埋件焊接的方法。

　　預制扶手采用細石混凝土制作,截面一般爲矩形,其尺寸約爲 50 mm × 100 mm,内配ϕ8 鋼筋并用 ϕ4 的鋼筋綁扎。表面可作各種抹面,如水泥砂漿、水磨石或黏貼面磚等。扶手與欄杆的連接方法有:雙方預埋鐵件采用焊接法,見圖 5.43(a)。采用榫接坐漿的方式,即在扶手底面留槽,將欄杆插入槽内,并用 M10 水泥砂漿坐漿填實,以保證連接的牢固,見圖 5.43(b)。或者在欄杆上留出鋼筋,然后現澆扶手,見圖 5.43(c)、(d)。

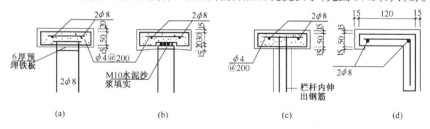

(a)　　　　　(b)　　　　　(c)　　　　　(d)

圖 5.43　鋼筋混凝土扶手的連接方式

　　爲陽臺組織排水和防止物品由陽臺邊墜落,欄杆與陽臺底板的連接處需采用 C20 混凝土沿陽臺板邊向上現澆一個泛水的高度。并將欄杆固定牢固,如圖 5.44 所示。

5.4.4　雨篷

　　雨篷的受力情况及結構形式與挑陽臺非常相似,但不考慮上人,荷載取值較小。

　　一般雨篷挑出長度爲 1.0~1.5 m。爲防止雨篷可能傾覆,常將雨篷與建築物門上過梁或圈梁現澆在一起,做成梁帶板式。根據雨篷板與門上邊緣的距離要求,懸挑板可在梁的中部、上部或下部。由于雨篷板不承受大的荷載,可以做得較薄,通常作成變截面形式,板外沿厚約 50~70 mm。爲立面及排水的需要常在雨篷外沿作一向上的翻口(圖 5.45)。

　　雨篷板的頂面應作 20 mm 厚摻有 5%防水劑的 1:2 水泥砂漿抹面,并翻上外墙(或

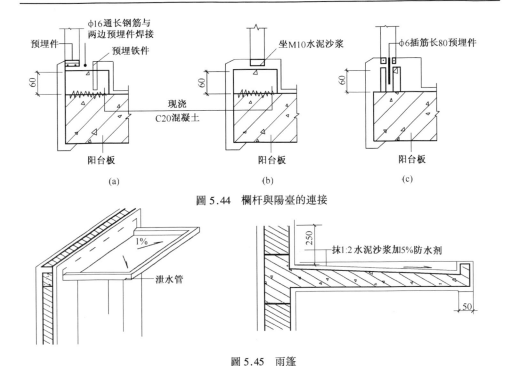

圖 5.44　欄杆與陽臺的連接

圖 5.45　雨篷

梁)面至少 250 mm 高。立面飾面材料應抹至板底 50 mm 深處,并作滴水槽或斜面。雨篷頂抹成 1% 的排水坡度將雨水引向泄水管或水落管。

　　當雨篷懸挑長度較大時,則可由主體結構內挑出梁來做成挑梁式結構,其做法也與挑梁式陽臺相似,一般爲現澆整體式。挑出過大時必須在雨篷下加設柱子。

復習思考題

1. 樓板層的主要功能是什麼?
2. 樓板層由哪些部分組成? 各起什麼作用?
3. 對樓板層的設計要求有哪些?
4. 現澆鋼筋混凝土樓板具有哪些特點? 有哪幾種結構形式?
5. 預制裝配式鋼筋混凝土樓板具有哪些特點? 常用的預制板有哪幾種?
6. 預制板的接縫形式有幾種?
7. 裝配整體式樓板有什麼特點? 疊合樓板有何優越性?
8. 樓板頂棚的構造形式有幾類? 舉出每一類頂棚的一種構造做法。
9. 地面有哪幾部分組成? 各有什麼作用?
10. 地面應滿足哪些設計要求?
11. 常用地面做法可分爲幾類? 舉出每一類地面的 1～2 種做法。
12. 常見陽臺有哪幾種類型? 在結構布置時應注意哪些問題?

第6章　建築門窗

建築門窗是建築物圍護結構的重要組成部分。

門主要起交通聯系和分隔空間的作用,比如室內與室外、房間與走道、房間與房間等都需要門。窗主要起采光、通風、日照以及供人們向外觀景和眺望的作用。由于門窗是圍護結構的一部分,因此,同時也應具有保溫、隔熱、隔聲、防水、防風沙等圍護作用。

6.1　門的作用、類型與構造

6.1.1　門的作用

1.通行與安全疏散

門的主要作用是交通通行,起到聯系各種使用空間以及室內外空間的作用。發生火災或有其他緊急情況時,爲人們提供緊急疏散通道。因此,門的位置、寬度、數量、開啓方式、構造做法以及耐火等級等,都應符合防火規範的要求。

2.圍護作用

門窗都是圍護結構的一部分,因此都應具有圍護結構的作用。比如,外門應能防雨雪、隔聲、防風沙等。對于采暖建築的外門還應保溫(采暖地區的外門一般都設有門斗);房間的內門也要考慮隔聲。一般夾板木門要比鑲板木門的隔聲能力好。

3.采光通風

全玻璃外門和半截玻璃門,都兼有采光的作用,即使普通的門,開啓後也可以改善室內的采光條件。建築物還要通過門窗組織通風,門窗的位置,直接影響室內通風效果。

4.美觀

門的美觀作用也很重要。在建築物的室內外裝修方面,建築外門往往是立面處理的重點部位;而房間門又是內部裝修的重點部位。

6.1.2　門的類型

根據不同的分類方法,門的類型很多。

門按所在位置分有外門和內門。

門按所用材料分有木門、鋼門、鋁合金門、塑料門、玻璃門、塑鋼門等。目前,木門的使用還很廣泛。

門按開啓方式分有平開門(含各種彈簧門)、推拉門、折叠門、轉門、卷簾門等(見圖6.1),以平開門最爲常見。

平開門有單扇門和雙扇門,一般寬度在 1 200 mm 以上時采用雙扇門。平開門也有內開和外開之分,建築內門一般采用內開門建築外門應爲外開門或內外開的彈簧門。平開門是在門扇的側面用鉸鏈將門扇和門框連接,開啓方便靈活,因此采用較多。但門扇尺寸不宜過大。彈簧門是平開門的一種,只是將普通鉸鏈改爲單管或雙管彈簧鉸鏈,或裝地彈簧,多用于人流大的公共建築外門。

推拉門是利用門扇在軌道上左右推拉滑行來開啓的。可上挂,也可下滑;可懸于墙外,也可隱于墙中。開啓后不占使用空間,受力比平開門合理,但構造復雜,民用建築采用較少。鋁合金、塑鋼等材料加工的陽臺落地門(或落地窗)常采用推拉的形式。

折叠門的門扇開啓后可以折叠到一起,占使用空間少,但構造復雜,可用于大洞口尺寸的門,比如商店、庫房等。

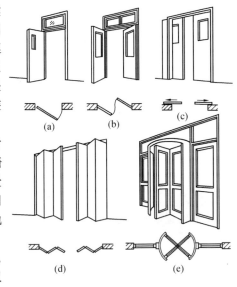

圖6.1 門的開啓方式

轉門一般由兩側的固定弧形門套和中間繞一固定豎軸旋轉的門扇組成。優點是保溫效果好、美觀。但構造復雜,造價較高。多用于人流出入頻繁、高標準公共建築。

卷簾門由兩側的軌道,上方的轉軸和門扇組成。門扇是由鍍鋅鐵皮、鋁合金或不銹鋼薄板等軋制成型的條形頁板。可采用電動或手動,使用方便、堅固,多用于商店、庫房等。

6.1.3　平開木門的構造

平開木門現階段采用比較廣泛,這里僅介紹平開木門的構造。

1.平開木門的組成與尺寸

平開木門由門框、門扇組成。根據裝修標準不同,有時還有貼臉板、筒子板等。門框與門扇之間用鉸鏈連接,另外還要有拉手、插銷、鎖具等五金零件。門的組成見圖6.2。

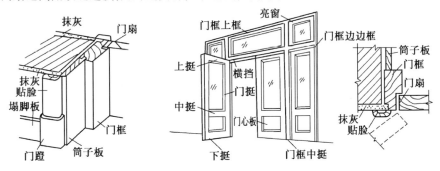

圖6.2　木門的組成

單扇門的寬度一般爲900~1 100 mm,輔助房間的門可爲700~800 mm。門洞較寬時可以裝雙扇門,雙扇門門洞寬度一般爲1 200~1 800 mm。有時民用建築的主入口需要較寬的門洞,此時可以把多樘門進行拼樘組合。平開門的單個門扇寬度不宜過大。

門扇的高度一般爲 2 000 ~ 2 100 mm。當門洞口的高度較高時,上方一般設門亮子,門亮子既可以補充室內采光,又可避免門扇過重。空間高度較高的房間,根據比例關系門的尺寸可適當加大。

2.門框

門框由兩根邊框、上框、中橫框、下框組成。高度較小沒有亮子的門沒有中橫框;爲通行方便,建築的內門一般不設下框(即門檻),外門除了保溫、防風沙、防水、隔聲等要求較高外,一般也不設門檻。

3.門扇

木門的種類就是按木門門扇的構造形式劃分的。木門主要有鑲板門、夾板門、拼板門、鑲玻璃門、紗門、百葉門等幾種形式。

(1)鑲板門

鑲板門是一種常見的門扇。由較大尺寸的骨架和中間鑲嵌的門芯板組成。骨架由上下框、中樘以及兩根邊樘組成。門芯板的厚度爲 10 ~ 15 mm。

鑲板門的構造見圖 6.3。

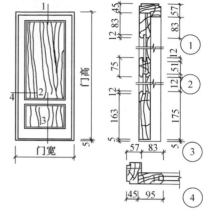

圖 6.3　鑲板門的構造

(2)半截玻璃門

將鑲板門的芯板全部換爲玻璃,就成爲鑲玻璃門。如果將門扇上半部的芯板換爲玻璃,就成爲半截玻璃門。可用于建築的外門,以及會議室的房間的門。

(3)夾板門

夾板門是采用較小規格的木料做骨架,在木骨架的兩面粘貼膠合板、纖維板或其他人造板材。自重輕,開關輕便,表面平整美觀,但夾板門的強度低,不耐潮濕和日曬,大量用于普通房間的內門。

夾板門的構造見圖 6.4。

(4)拼板門

構造做法類似于鑲板門,只不過它的芯板是由許多窄木板條企口拼合而成。板條之間的企口咬合,以便可以自由脹縮。這種門能適應周圍環境

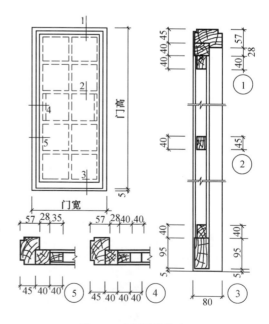

圖 6.4　夾板門的構造

濕度的變化,常用于衛生間蹲位隔間的門。

(5)紗門、百葉門

門扇骨架内鑲入窗紗或百葉,就成爲紗門或百葉門。住宅的非封閉陽臺門應裝紗門。百葉門用于通風要求較高的建築物。

木門的安裝有立口和塞口兩種方式,一般采用立口安裝方式。立口式安裝是指門框的上框兩側各伸出 120 mm(稱爲羊角),沿高度方向每隔 500 ~ 700 mm 釘有拉結木磚,在砌墙的同時將門框就位并臨時固定,把拉結木磚和羊角砌入墙體内。這種施工方式門框與墙體連接可靠。

6.2　窗的作用、類型與構造

6.2.1　窗的作用

1.采光和日照

建築采光有兩種方式:天然采光和人工照明。人工照明需要消耗電能,而且人的識別能力没有在自然光綫下强,同時,人長期呆在人工的光環境下會增加視覺疲勞。因此,建築物應盡量争取天然采光。

建築物主要是通過窗户采光的。這就要求房屋應有合適的窗地比(窗户面積與房間地板面積的比值)。按有關規範要求每一類房間都有一定的窗地比,如卧室、起居室爲1/7,教室爲 1/6,閲覽室、陳列室爲 1/4,樓梯間爲 1/14 等。

療養院、宿舍、公寓等類型的建築,以及住宅建築的居室、托幼建築中的活動室、卧室等,從衛生和舒適度的角度出發,要求有良好的日照條件,對于這些類型的建築,窗户還應滿足日照的要求。

2.通風

建築通風有兩種途徑:自然通風和機械通風。對于較高標準的民用建築,利用機械通風甚至空氣調節系統、人工照明等,可以營造一個相對穩定舒適的人工環境,但國外的經驗告訴我們,人長期在這種環境中對健康是有害的。

對于大量性建造的民用建築,應通過合理設置窗户,來解決建築通風問題。

3.圍護

窗是建築物圍護結構的一部分,窗的圍護功能包括保温隔熱、防風雨、隔聲等。

建設部頒布實施的《民用建築節能設計標準》JGJ 26—95 中規定了節能 50%的新節能目標,要實現這一目標,就必須加强外墙、門窗、屋面等圍護結構的保温隔熱措施。以哈爾濱某磚混結構住宅爲例,在建築耗熱量中,傳熱耗熱量約占 71%,空氣滲透耗熱量約占29%。在傳熱耗熱量所占份額中,窗户約占 28.7%,外墙約占 27.9%,屋頂約占 8.6%,地面約占 3.6%,陽臺門下部約占 1.4%,外門約占 1%。窗户的傳熱量以及空氣滲透耗熱量所占比例是相當大的。由此可見,窗户是建築耗熱的主要部位,也是建築節能設計的重點部位。

窗應能防止室外雨水進入室内。雨水在風的作用下,有三種進入室内的途徑:一是窗框四周與墙體之間的縫隙;二是窗框與窗扇之間的縫隙;三是窗扇與窗扇之間的縫隙。這都需要窗在構造上采取相應的措施,阻斷雨水侵入室內的途徑。

窗也是噪聲傳入室內的主要途徑。窗應有相應的構造措施隔絕噪聲。

4.美觀

在建築物的外觀設計上,窗的形式、色彩、大小、位置等,都有很重要的作用。

6.2.2 窗的類型

1.按材料分

窗按所使用的材料分爲木窗、鋼窗、鋁合金窗、彩鋼窗、塑鋼窗、塑料窗、玻璃鋼窗、預應力鋼絲網水泥窗等。

木窗制作方便,但窗料斷面大,擋光多,消耗木材多。尤其是我國森林覆蓋率低,木材資源相對缺乏,木材的再生周期又較長,本着節約木材的原則,應盡量少用。近幾年木窗正逐步被一些新型窗所取代。

鋼窗的強度大,堅固耐久,造價較低,防火性能好;鋼窗用料斷面小,增加了窗戶的透光面積,透光率約爲木窗的1.3倍。另外,鋼窗可以采用工廠制作的方式,對促進建築工業化也有積極意義。因此,鋼窗與木窗相比,具有較大的優勢。但鋼窗的保温性能差,容易銹蝕,由于運輸等方面原因密閉性也較差,防風沙、防空氣滲透的性能差,使用維修較困難。因此,普通鋼窗近幾年使用逐漸減少。

鋁合金窗空心薄壁,輕質高強,便于加工;窗料相對較小,擋光少,密閉性比木窗和鋼窗要好;具有金屬的質感,與新型建築外墙材料組合在一起,簡潔、美觀。常見顏色有銀白色和茶色,鋁合金窗近幾年已被普遍選用。

彩鋼窗改善了鋼窗的加工工藝及缺點。更爲美觀,耐腐蝕能力也大大加強;不采用焊接而用專門配套的連接件連接,組裝更爲靈活。但造價也較高。

塑鋼窗在國內是一種較新的窗型。窗料爲表層塑料,內襯鋼芯,強度高、耐腐蝕,耐久性好,節點加工成型后再把表面的塑料層焊接,加上專用的五金配件,密閉性很好,室內外的顏色可以有多種多樣的顏色,豪華美觀,但造價高,普及應用受到一定限制。近幾年國內開始生產的塑鋼共擠型鋼塑門窗,改變了在組裝時穿入鋼芯的做法,連接更爲可靠,同時,由于PVC發泡結皮技術的應用,也使得這種鋼塑門窗更爲節能。

塑料窗類似于鋁合金,多爲白色,造價比鋁合金窗稍低。但由于強度較低使用受到限制。尤其是普通雙層玻璃塑料門窗和50 mm系列以下單腔結構型材的塑料門窗,建設部2001年7月第27號公告已經淘汰。

玻璃鋼窗和預應力鋼絲網水泥窗一般用于工業建築,民用建築采用較少。

2.按開啓方式分

窗按開啓方式分,有平開窗、固定窗、轉窗(上懸窗、下懸窗、中懸窗、立轉窗)和推拉窗四種基本類型。此外,還有滑軸、折叠等開啓方式,窗的開啓方式見圖6.5。

平開窗是最常見的一種形式。窗扇用鉸鏈(合頁)與窗框連接,可向外也可向內開啓。優點是通風效果好,尤其外開平開窗利于防止雨水進入室內,又不占室內空間,采用較廣泛。

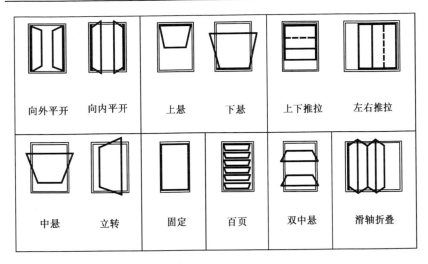

向外平开	向内平开	上悬	下悬	上下推拉	左右推拉
中悬	立转	固定	百页	双中悬	滑轴折叠

圖 6.5　窗的開啓方式

固定窗只能采光,不能通風。固定窗一般不設窗扇,而直接將玻璃鑲嵌在窗框上。也可以設窗扇,將窗扇固定于窗框上。

轉窗指繞水平軸或垂直軸旋轉開啓的窗户。轉窗根據軸的位置不同分爲上懸窗、下懸窗、中懸窗和立轉窗。其中中懸窗最爲常用。轉窗的優點是玻璃損耗小,占室内空間少。常用于樓梯間的窗户、走道的間接采光窗以及門的亮子等部位。

推拉窗指左右推拉或上下推拉開啓的窗。優點是開啓后不占室内空間,玻璃損耗也小。但開啓的面積受到限制,密閉性也没有平開窗好。

6.2.3　窗的構造

1.木窗

木窗多用平開的形式。木窗主要由窗框(窗樘)和窗扇組成。窗扇有玻璃扇、紗窗扇、百葉扇等。另外,還有鉸鏈、風鈎、插銷等五金零件。有時根據裝修標準不同,還會設置窗臺板、貼臉板等。平開木窗的構造見圖6.6。

窗框也叫窗樘,它固定在墙上以安裝窗扇。窗框由上框、下框、邊框以及中橫框、中竪框等榫接而成。與木門相類似,木窗窗框的安裝有立口和塞口兩種方法。

立口安裝時上下框比窗寬每邊各長120 mm砌入墙内(稱爲羊角),邊框

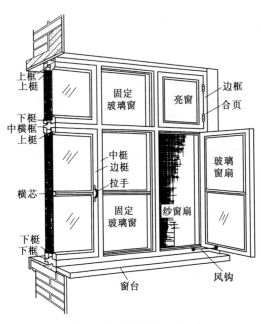

圖 6.6　平開木窗的構造組成

外側沿高度方向每隔 500~700 mm 設拉結木磚砌入墙內,窗框安裝與砌墻同時進行。塞口安裝時窗框比洞口略小,墙體砌築完工后再塞入窗框,用鐵釘固定在預先砌到洞口兩側的預埋木磚上。

所有砌入墙體里的木磚,爲防止木材在墙體中腐爛,都應涂刷瀝青進行防腐處理。在窗框與墙體之間,爲使窗框與墙體間連接緊密,可采取做灰口、釘壓縫條、釘貼臉板等一些構造措施,如圖 6.7 所示。

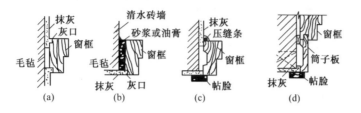

圖 6.7 窗框與墙的接縫處理

木窗扇由上下梃(上下冒頭)、左右邊梃、中間窗芯(窗欞)組成。它們全部榫接,厚度一致(約 35~42 mm),上下左右梃的寬度也一致(約 55~60 mm),并做出玻璃裁口(寬度爲 10 mm,深度爲 12~15 mm),以便安裝玻璃。裁口的另一側,應做成各式的綫脚,以減少擋光,增加美觀。窗扇的組成見圖 6.8。

窗洞尺寸應按采光通風的需要確定,并符合以 300 mm 爲級差的模數數列。窗扇寬度一般爲 400~600 mm,高度一般爲 800~1 500 mm;亮窗的高度爲一般 300~600 mm。

2. 鋼門窗

鋼窗按所用材料斷面分有實腹式鋼窗和空腹式鋼窗兩種類型。

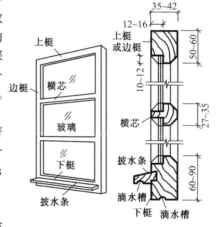

圖 6.8 木窗扇的構造組成及用料

實腹鋼門窗料是熱軋的型材,稱爲熱軋窗框鋼。它的規格按截面高度分爲 20 mm、22 mm、25 mm、32 mm、35 mm、40 mm、50 mm、55 mm 和 68 mm 九個系列,每個系列又有若干型號。窗料的厚度爲 2.5~4.5 mm,由于厚度較厚,耐腐蝕能力也較强,但耗鋼量較大。

空腹鋼門窗是用 1.2 mm 厚的鋼板,經冷軋和高頻焊接、調直制成的中空門窗料。比實腹料節省鋼材 40%~50%,但耐腐蝕性能差,耐久性也較差。與實腹式鋼窗相類似,也有多種系列供選用。

當窗洞尺寸較大時,鋼窗可以水平或竪向進行拼樘,每個系列都有相應的拼樘件。拼樘件與洞口墙體固定牢固,窗框用螺栓固定于拼樘件上。

鋼門窗框的安裝,類似于木窗的塞口式,與墙的連接方法,采用開脚扁鐵沿窗框四周固定,并用水泥砂漿將開脚扁鐵嵌于窗洞四周的預留空洞中(見圖 6.9)。固定點的間隔距離一般爲 400~500 mm。鋼門窗與鋼筋混凝土過梁之間也可采取預埋件焊接的方式。

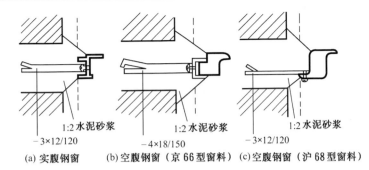

(a) 实腹钢窗　　(b) 空腹钢窗（京66型窗料）　(c) 空腹钢窗（沪68型窗料）

圖 6.9　鋼窗框的安裝節點

3. 鋁合金門窗、塑鋼門窗

鋁合金門窗、塑鋼門窗及塑鋼共擠型鋼塑門窗等與鋼門窗相類似，都是由工廠定型生產窗料，有多種系列的門窗料可以選用，經現場或工廠加工成門窗後，現場安裝。

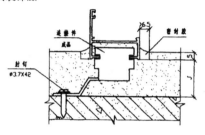

圖 6.10　是鋁合金窗固定方法舉例

這些門窗安裝固定方法也與鋼門窗相類似。一般采用塞口式安裝，通過各自的專用連接件用射釘、膨脹螺栓或塑料脹管螺栓與門窗洞口四周的墙體連接。固定連接點間距一般不大于 500 mm。第一個固定點與門窗框邊緣的距離爲 50 mm。

復習思考題

1. 按開啓方式分有哪幾種類型？
2. 門按所用材料分有哪幾種類型？常用的是哪些類型？
3. 窗按開啓方式分有哪幾種類型？
4. 窗按所用材料分有哪幾種類型？常用的是哪些類型？

第7章　樓梯與電梯

樓梯與電梯是建築物中聯系上下各層的垂直交通設施。

在低層和多層建築物中,主要靠樓梯聯系上下各層。有些醫院、療養院等建築,樓層之間當没有電梯時,應設便于推擔架床的坡道,坡道是樓梯的一種特殊形式。建築室内外高差以及室内有高差處,常常設置臺階,臺階也是樓梯的一種特殊形式。

在高層建築中,日常使用的垂直交通設施是電梯,但緊急疏散還是靠疏散樓梯。有大量人流使用,并且方向性極强的大型公共建築中,比如車站、商場等,經常設置自動扶梯作爲日常使用的垂直交通設施,但緊急疏散也要靠疏散樓梯。因此,設電梯和自動扶梯的建築物,其疏散樓梯的數量并不會減少。

7.1　樓梯的組成與類型

7.1.1　樓梯的組成

樓梯是由梯段、平臺和中間平臺扶手和欄杆(欄板)三大部分組成的,如圖 7.1 所示。

1.樓梯梯段

梯段指樓梯的傾斜段,是樓梯的主要部分,它是由多個踏步組成的。而每一個踏步都由一個踏面和一個踢面組成。踏步的水平上表面稱爲踏面,踏步的垂直面稱爲踢面。

梯段的坡度與踏步級數,直接影響着樓梯的舒適程度。《民用建築設計通則》GB 50352—2005 中規定,踏步數不應多于 18 級,也不應少于 3 級。一般的公共建築,樓梯的坡度以 1:2 爲宜。

梯段與梯段之間的透空部分,稱爲梯井。梯井大的樓梯間顯得開闊、敞亮,也是一個不安全因素,諸如幼兒園建築不宜采用。梯井小顯得樓梯間閉塞,但節省空間。

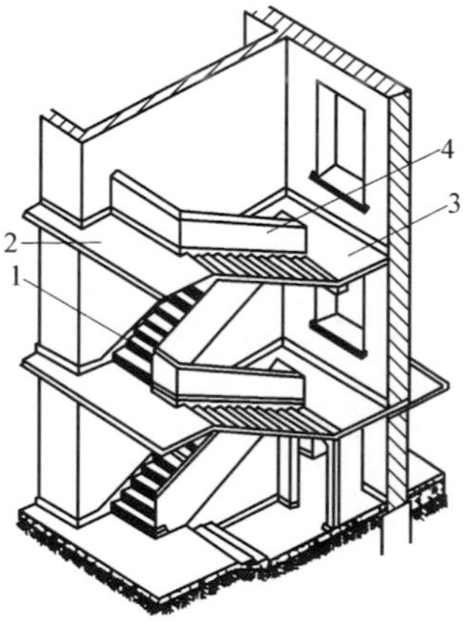

圖 7.1　樓梯的組成
1—梯段;2—平臺;3—中間平臺;4—扶手與欄板

2.平臺和中間平臺

平臺是指連接梯段與樓地面之間的水平段。開敞式樓梯間可借用走廊作爲樓梯的平臺。

中間平臺是指上下樓層之間的平臺。有緩解上下樓梯疲勞的作用,因此又稱爲休息平臺。

3.扶手和欄杆(欄板)

爲保證上下樓梯的安全,在梯段和平臺的臨空部分應裝設欄杆或欄板。樓梯的梯段比較寬時,梯段的中間應加設欄杆,靠墻一側也應裝設扶手。

裝設在欄杆或欄板上部供人們上下樓梯時手扶的建築配件稱爲扶手。

7.1.2 樓梯的類型

樓梯的形式有多種。按所在位置有室內樓梯和室外樓梯之分;按使用性質有主要樓梯、輔助樓梯、疏散樓梯、消防樓梯之分;按所用材料有木梯、鋼梯、鋼筋混凝土樓梯之分。此外,按照樓梯間的防火性能分,有開敞式樓梯間、封閉式樓梯間和防烟樓梯間等。

樓梯如果按照它的形式劃分,有直跑式、雙跑式、雙分式、雙合式、轉角式、三跑式、四跑式、多跑式、多邊形式、螺旋式、曲綫式、剪刀式、交叉式等等。

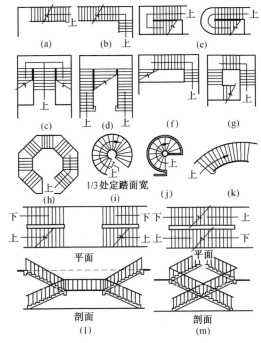

圖7.2　樓梯的常見形式

圖7.2是幾種常見的樓梯形式。

在平面上兩個梯段相互平行的雙跑式樓梯是最爲常用的一種形式。這種形式所占的樓梯間進深尺寸小,上下樓梯的起落點在一處,比較節省空間,也便于與其他房間進行組合。

7.2　樓梯的尺度

7.2.1 樓梯的坡度

所謂樓梯的坡度就是指梯段的坡度。

坡度有兩種表示方法:一種是用斜面與水平面的夾角(度)表示;一種是用斜面的垂直投影高度與其水平投影的長度之比表示。從圖7.3可知,樓梯的坡度範圍在20°～45°之間,也就是在1:2.75～1:1之間。坡道的坡度範圍在0～20°之間。當坡度大于45°時,稱爲爬梯,常用于屋面檢修或一些大型設備處。

實驗證明,樓梯最舒適的坡度是1:2的坡度,也就是26°34′。使用人數較多的公共建築一般應采用這種坡度。使用人數較少的住宅建築等可以相對陡一些。

7.2.2　樓梯的寬度

樓梯的寬度包括梯段的寬度和平臺的寬度。

爲保證安全疏散,在防火設計規範中,對樓梯的寬度作了相應的規定。它與建築物的耐火等級及層數有關。比如,一座五層的辦公樓,耐火等級爲二級,每層的使用人數爲150人,根據樓梯的寬度不應小于每百人1m的寬度指標,該層的樓梯寬度應爲1 500 mm。當每層的使用人數不等時,下層樓梯的總寬度按其上人數最多的一層的人數計算。

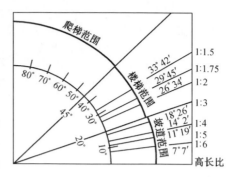

圖7.3　樓梯的坡度

樓梯的淨寬還應按人流的股數確定。一般每部樓梯的人流股數不少于兩股,每股人流的寬度按$0.55 \pm (0 \sim 0.15)$ m計,其中$0 \sim 0.15$ m爲人流行進的擺幅及手拿東西所占的寬度,取值大小依建築物的使用性質來定。梯段爲兩股人流時,一側設扶手;爲三股人流時,應兩側設扶手;四股及四股以上人流時,除兩側設扶手外,中間應加設一道或多道扶手。

樓梯的總寬度確定后,再根據樓梯的數量確定每部樓梯的寬度,一般是經常使用的主要樓梯稍微寬些,輔助樓梯可稍微窄些。樓梯的數量應根據建築物的總長以及疏散樓梯必須滿足的間距來確定,在防火設計規範中都有嚴格的規定。

對于居住建築,《住宅設計規範》GB 50096—1999(2003年版)中規定,共用樓梯梯段淨寬不應小于1.1 m;六層及六層以下住宅,共用樓梯梯段淨寬可不小于1 m。套內樓梯的梯段淨寬,當一邊臨空時不應小于0.75 m;當兩側都有墻時,不應小于0.90 m。

樓梯平臺的淨寬度應不小于梯段淨寬。平臺的淨寬是指從樓梯扶手的中心綫到樓梯間外墻的水平距離。當平臺上有其他的突出物(如暖氣片、電表箱、垃圾道等)時,指扶手中心綫到突出物邊緣的水平距離。《住宅設計規範》GB 50096—1999(2003年版)中規定,住宅建築的共用樓梯平臺淨寬度不應小于梯段淨寬,且不小于1.2 m。

7.2.3　净空高度

樓梯的净空高度包括梯段的净高和平臺净高。

梯段的净空高度是指自踏步前緣到上方突出物的垂直高度。規範規定梯段净高不應小于2.2 m。必須注意,梯段還包括最低和最高一級踏步的前緣以外的0.3 m的範圍。見圖7.4所示。

平臺處的净空高度不應小于2.0 m。

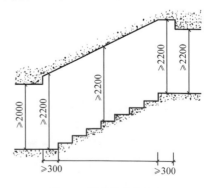

圖7.4　樓梯的净空高度

7.2.4 踏步尺寸

樓梯的踏步尺寸包括踏面的寬度和踢面的高度。

踏步的踢面高度和踏面寬度的比值決定梯段的坡度。踏面的寬度不宜過小,也不宜過大,以人的腳可以全部落在踏步面上為宜。高度值也應合適,以保證樓梯有合適的坡度。計算踏步尺寸有一經驗公式

$$2r + g = 600 \sim 610 \text{ mm 或 } r + g = 450 \text{ mm}$$

式中　　r——踏步高度;

　　　　g——踏步寬度。

公共建築由于使用人數多,其樓梯的踏步尺寸也取相對舒適的數值。一般情況下,寬度取 300 mm,高度為 150 mm。對于居住建築,《住宅設計規範》GB 50096—1999(2003 年版)中規定,踏步寬不應小于 260 mm,高度不應大于 175 mm;套內樓梯的踏步寬不應小于 220 mm,高度不應大于 200 mm,扇形踏步轉角距扶手邊 250 mm 處,寬度不應小于 220 mm。

7.2.5 扶手高度

扶手的高度應能够保證人們上下樓梯的安全。

《民用建築設計通則》GB 50352—2005 規定,室內樓梯的扶手高度不宜小于 0.9 m,靠梯井一側水平扶手超過 500 mm 長時,其高度不應小于 1.05 m。

室外樓梯扶手高度一般不應小于 1.10 m。

7.3　鋼筋混凝土樓梯的類型與構造

鋼筋混凝土樓梯的耐久性和耐火性能好,采用最為廣泛。鋼筋混凝土樓梯按照施工方法的不同,分為現澆和預制裝配式兩大類。

7.3.1　現澆鋼筋混凝土樓梯

現澆鋼筋混凝土樓梯的梯段與平臺可以一起澆注,整體性能好,剛度大,堅固耐久,尤其在地震地區樓梯一般采用這種形式。但施工時需要支模板、綁扎鋼筋、澆注混凝土、養護、拆模板等工序,工序繁雜,施工進度慢。

現澆鋼筋混凝土樓梯按照梯段的受力情況,分為板式樓梯和梁板式樓梯兩種。

1. 板式樓梯

板式樓梯的梯段相當于一塊斜放于上下平臺梁上的板,梯段把荷載直接傳給平臺梁,平臺梁的間距即是梯段板的跨度,梯段的受力鋼筋沿着跨度方向布置,如圖 7.5(a)所示。

板式樓梯的梯段跨度相對較大,因而其厚度一般也較厚,跨度越大,厚度也越大。板式樓梯的優點是梯段板底平整,便于裝修。板式樓梯常用于梯段跨度較小的建築物,如普通住宅樓一般采用板式樓梯的形式。

2. 梁板式樓梯

與板式樓梯不同,梁板式樓梯的梯段由斜梁和放于斜梁上的梯段板組成。荷載的傳

力路綫是板傳給斜梁,斜梁再傳給平臺梁。因此,斜梁的間距即是板的跨度,跨度比板式樓梯小,也可以相對薄些。對于大跨樓梯,梁板式樓梯受力比板式樓梯合理。

一側靠墙的樓梯段,一般只在臨空的一側設置斜梁,梯段板的另一側直接擱置于墙上。梯段板的斜梁一般在板下,如圖7.5(b)所示。爲使板底平整,并避免在洗刷樓梯間地面時污水下流,也可以將斜梁反到梯段板的上面,如圖7.5(c)所示。

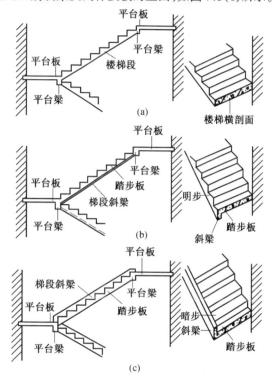

圖7.5 現澆鋼筋混凝土樓梯

7.3.2 預制裝配式鋼筋混凝土樓梯

爲適應建築工業化的需要,加快建築工程的施工速度,也可以采用預制裝配式鋼筋混凝土樓梯。由于預制裝配式鋼筋混凝土樓梯的抗震性能不如現澆式鋼筋混凝土樓梯,預制樓梯的運用受到一定的限制。

按照樓梯構件的合并程度不同,預制裝配式鋼筋混凝土樓梯分爲小型構件裝配式樓梯、中型構件裝配式樓梯和大型構件裝配式樓梯。

1.小型構件裝配式樓梯

小型構件裝配式樓梯,就是把樓梯各部分割分成體積小、重量輕、便于制作安裝和運輸的小型構件。施工時不需大型吊裝設備,但工序繁多,濕作業量大,施工速度也相對較慢。

小型構件裝配式樓梯一般有三種形式:懸挑式、墙承式和梁承式。

(1)懸挑式樓梯

懸挑式樓梯的梯段由多個獨立的踏步板組成,踏步板由墙內挑出,可達 1.5 m 長。平臺部分可用普通的預制板。

踏步板的形式有"L"形和"一"字形,一般采用"L"形踏步板。"L"形踏步板伸入墙體內 240 mm,墙內部分的斷面爲矩形。"L"形懸挑踏步樓梯見圖 7.6。

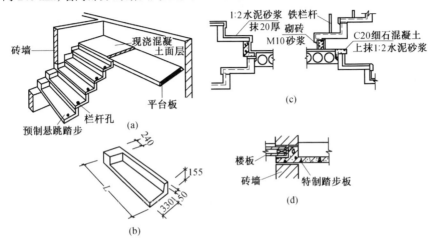

圖 7.6　懸挑式樓梯

這種樓梯的安裝與砌築墙體一起施工,需要加設臨時支撐,施工較爲麻煩,而且不能承受較大振動荷載,7 度及 7 度以上抗震地區不能采用這種樓梯形式。

(2)墙承式樓梯

與懸挑式樓梯不同,墙承式樓梯是將預制踏步板的兩端都擱置于墙上,則踏步板變懸挑構件爲簡支構件,受力更合理,可用于地震地區,一般適用于單跑樓梯。

墙承式用作雙跑樓梯時,由于在兩跑之間梯井的位置有一段墙,阻礙上下樓梯人的視綫,對采光也不利,通過開設一些窗洞口可以改善這種狀況。這種樓梯空間閉塞,搬運大型家具設備不方便。墙承式雙跑樓梯見圖 7.7。

(3)梁承式樓梯

梁承式樓梯是將踏步板放在斜梁上,斜梁放在兩側的平臺梁上,平臺梁放在兩側的墙體上,并最終把樓梯段的荷載傳給墙體。

踏步板有三角形踏步板、"L"形踏步板、"一"字形踏步板等形式。

圖 7.7　墙承式樓梯

斜梁的外形要與踏步板的形式相適應。三角形踏步板所采用的斜梁上表面是平直的;"L"形踏步板和"一"字形踏步板只能用鋸齒形的斜梁,見圖 7.8。

斜梁的斷面可以做成矩形也可以做成"L"形。"L"形與矩形相比,可以使踏步板的底

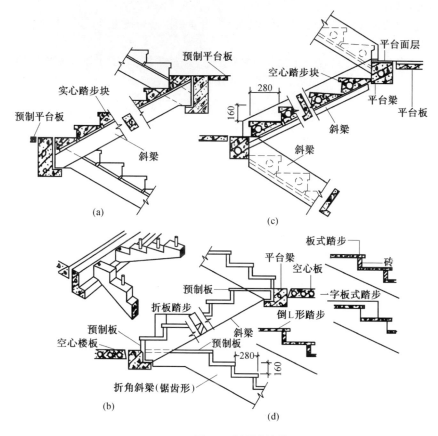

圖7.8　梁承式樓梯

面下移,以減少樓梯段的厚度,節省空間。

平臺梁的截面一般做成"L"形,以便于擱置斜梁并使上表面平整。安裝完畢二者之間要用鐵件焊牢。

2.中型和大型構件裝配式樓梯

當施工機械化程度比較高時,可采用中型或大型構件裝配式樓梯。與小型構件裝配式樓梯相比,構件的種類少,施工速度快;減少了濕作業,改善了工人的勞動條件。

中型構件裝配式樓梯,是把樓梯劃分爲樓梯段和帶梁平臺板兩部分。其中的梯段板也有板式和梁板式兩種類型。

大型構件裝配式樓梯,是把平臺和梯段連在一起組成一個構件,每層樓梯由這樣兩個相同的構件組成。這種樓梯的裝配化程度更高,施工速度也最快,但需要大型吊裝設備。一般用于預制裝配式建築。

7.3.3　樓梯的細部構造

樓梯的細部構造包括踏步的面層和前緣、欄杆(或欄板)和扶手等。

1.踏步面層

樓梯的踏步表面應耐磨而光滑,便于行走和清掃。因此,樓梯的踏步面層應該做抹灰處理。常見的有水泥砂漿面層、水磨石面層、缸磚面層、花崗岩面層、地板磚面層等。

2.踏步前緣

爲防止上下樓梯時摔倒,在踏步前緣處應做防滑處理。樓梯的踏步前緣處的防滑措施,有防滑凹槽、防滑條(用耐磨的砂漿、金屬等材料制作)或在踏口部位做包口處理等幾種形式。踏步的防滑構造見圖7.9。

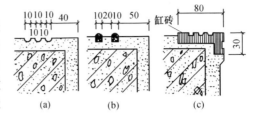

圖7.9 踏步防滑措施

3.欄杆和欄板

欄杆或欄板是樓梯的安全設施,設置于樓梯段或平臺的臨空一側。欄杆或欄板的上緣爲扶手,供人們上下樓梯時手扶或倚靠。欄杆(或欄板)與扶手應與梯段或平臺連接牢固,能够抵抗一定的水平推力。欄杆(或欄板)與扶手也是室內的一個裝飾構件。

欄杆多用方鋼、圓鋼、扁鋼等型鋼制作,可以做成各種各樣的圖案。用作樓梯欄杆的方鋼的截面邊長一般爲20 mm左右,圓鋼直徑一般不大于20 mm,扁鋼截面40 mm × 6 mm左右。欄杆與鋼筋混凝土樓梯之間的連接,不外乎以下幾種:一是通過踏步內的預埋件焊接,二是螺栓連接,三是踏步預留空洞錨固連接,四是膨脹螺栓連接等。較高級的建築物常常采用銅、不銹鋼、有機玻璃、鑄鐵鐵藝、木雕、石雕等制作欄杆。常見的普通欄杆扶手舉例見圖7.10。

圖7.10 常見普通樓梯欄杆的形式

用實體材料制作成的稱爲欄板。欄板常常采用鋼筋混凝土或加筋磚砌體制作。磚砌欄板的厚度一般爲60 mm,外側用鋼筋網加固,并與鋼筋混凝土的扶手連在一起。欄板的構造見圖7.11。

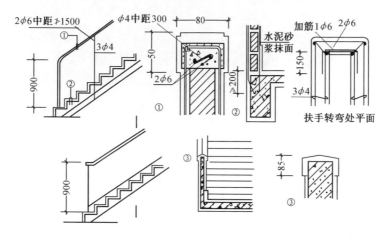

圖 7.11　欄板的構造

4.扶手

　　樓梯的扶手可用硬木、塑料制品制作,也可用圓鋼管等型鋼制作。在鋼筋混凝土或磚砌欄板上側的扶手可做水泥砂漿抹灰、水磨石等作爲扶手。木扶手和塑料扶手,應在欄杆的頂端焊接通長的扁鋼,然后將扶手用木螺絲固定于扁鋼上;鋼材扶手可以采用焊接的方式連接。扶手的舉例見圖 7.12。

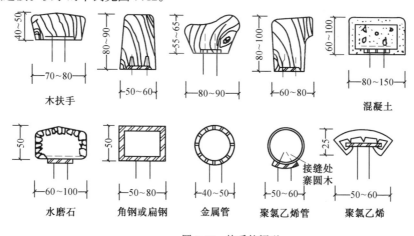

圖 7.12　扶手的類型

7.4　臺階與坡道

7.4.1　臺階

　　臺階由踏步和平臺組成。室外臺階一般位于建築物的出入口處,每邊比門洞口寬出 500 mm 左右。有時室內有高差時也需要設臺階。臺階的踏步寬度不宜小于 300 mm,高度不宜大于 150 mm。當高差較大而致使踏步級數較多時,應設欄杆和扶手。

常見的臺階形式有單面踏步、三面踏步、單面踏步帶垂帶石(或方形石、花池等)、臺階坡道組合式等等,見圖 7.13。

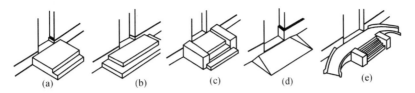

(a)　　　　(b)　　　　(c)　　　　(d)　　　　(e)

圖 7.13　臺階的形式

臺階的構造做法,包括基層、墊層和面層幾部分。基層一般爲素土夯實,在季節性冰凍地區應加砂墊層,以防臺階被凍壞。墊層一般爲混凝土,有時也用磚砌。面層和地面的做法基本相同,有水泥砂漿、水磨石、缸磚、天然石材等面層。也有一些建築物直接用條石砌築,不再做面層。寒冷地區臺階的地面應采用稍微粗糙些的材料作爲面層,防止冬季臺階表面有飄雪后滑倒行人。圖 7.14 爲普通混凝土墊層、水泥砂漿面層臺階的構造做法。

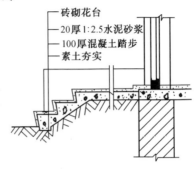

磚砌花台
20厚1:2.5水泥砂浆
100厚混凝土踏步
素土夯实

圖 7.14　臺階的構造

7.4.2　坡道

醫院的門診部、急診部、病房,較高級的旅館酒店、辦公樓、體育建築等建築物的出入口處,除了設有供人通行的臺階外,還設有供車輛上下的坡道。另外,無障礙設計規範規定,爲方便殘疾人,民用建築物的出入口處,應設有供輪椅通行的坡道。我國近幾年在無障礙設計方面也逐漸得到了重視。

坡道應有合適的坡度、寬度和轉彎半徑。

供機動車輛通行的坡道,其坡度常常在 10% 左右,一般不應大于 12%。當坡度較大時,應在坡道兩端的 3.6~6.0 m 的範圍內做緩坡,緩坡的坡度爲中間坡道坡度的 1/2。坡道的寬度和轉彎半徑與所通行的車輛有關。

供輪椅通行的坡道,既不能太陡,又不能太長。坡道的坡度一般爲 1/12,每段的水平長度不應超過 9.00 m,當高差較大時中間應設休息平臺。當受場地限制時,坡度最大可爲 1/8,每段的水平長度則不應超過 2.80 m。坡道的寬度不應小于 0.90 m,在出入口的內外,應留有不小于 1.50 m×1.50 m 的輪椅回轉面積。

7.5　電梯與自動扶梯

當民用建築的層數較高或建築物的等級較高時,一般都裝有乘客電梯;倉庫、商場等爲運送貨物方便,有時裝有貨梯;醫院及療養建築爲方便病人使用也會裝有病床電梯;有特殊需要的建築物有時裝有小型雜物梯。此外,高層建築除了普通的客梯之外還應裝有消防電梯,以便在發生火災時消防人員能够迅速到達火災現場。

交通類建築、大型商業建築、科技博覽建築等,由于人流密集,并且方向性強,爲加快人流速度,一般都裝有自動扶梯,而不是采用裝設乘客電梯的辦法。

7.5.1 電梯

電梯由機房、井道和轎箱三大部分組成。

電梯轎箱由電梯廠家定型生產,不同種類、不同載重量以及不同廠家的電梯轎箱尺寸也不盡相同。普通乘客電梯的載重量一般有 500 kg、750 kg、1 000 kg、1 500 kg、2 000 kg 五種,貨梯的載重量一般較大,而小型雜物梯的載重量較小。病床電梯除考慮載重量外,還應考慮病人擔架床的尺寸。

電梯井道是電梯運行的通道,每層設有出入口,井道內設有轎箱導軌及導軌撐架、轎箱的平衡重,井道底部還安裝有緩冲器,轎箱沿着導軌上下運行。井道一般爲鋼筋混凝土結構,也可以采用磚混結構。無論采用哪種結構形式,土建施工時必須滿足安裝電梯的一些要求,比如,裝設導軌撐架等的預埋件的預埋,入口向井道方向挑出的裝設電梯門的牛腿,頂板處穿過纜繩的預留洞等。

電梯井道的平面和剖面見圖 7.15 和圖 7.16。

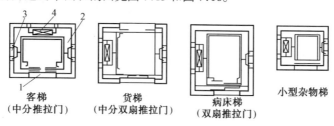

客梯　　　　　貨梯　　　　　病床梯　　　小型杂物梯
(中分推拉门)　(中分双扇推拉门)　(双扇推拉门)

圖 7.15　電梯井道平面

1—出入口;2—導軌;3—導軌撐架;4—平衡重

電梯的驅動電機以及控制部分安裝在機房內,機房設在井道的正上方。機房應至少在兩個方向比井道略寬,作爲檢修空間。液壓電梯不需設置機房,而是直接將液壓驅動部分安裝在井底。但液壓電梯的提升高度受到一定限制。

7.5.2 自動扶梯

自動扶梯由電動機械牽動,踏步和扶手同步運行,運行的方向可正可反,即可以提升也可以下降。自動扶梯的機房設在樓地面以下。圖 7.17 爲自動扶梯的示意圖。

自動扶梯的安裝角度一般爲 30°,與電梯相類似,自動扶梯也是由廠家生產,在施工現場進行組裝即可。土建施工必須按要求準確預埋安裝自動扶梯的一些預埋鐵件。

自動扶梯的欄板分爲全透明型、透明型、半透明型和不透明型幾種。并可以安裝燈具,可根據不同的室內裝修標準選用。

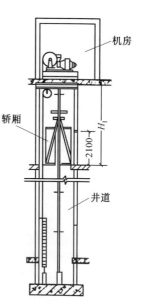

圖 7.16　井道和機房剖面圖

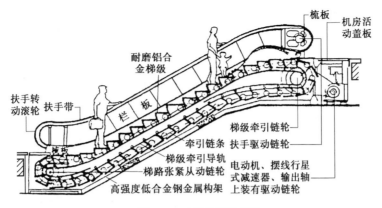

圖 7.17　自動扶梯示意圖

復習思考題

1.樓梯是由哪幾部分組成的？

2.樓梯的形式有哪些？常用的是哪幾種形式？

3.公共建築常用的踏步尺寸是多少？

4.樓梯梯段的淨空高度是如何確定的？

5.鋼筋混凝土樓梯有哪些形式？

6.現澆鋼筋混凝土樓梯有哪些形式？

7.預制裝配式鋼筋混凝土樓梯有哪些形式？

8.室外臺階有哪幾種類型？

9.電梯有幾種類型？

10.自動扶梯一般用于什么建築？

第8章 屋　　頂

8.1　屋頂的作用、組成、類型和防水等級

8.1.1　屋頂的作用和要求

屋頂是房屋最上層起覆蓋作用的外圍護構件,除承擔自重,風、雨、雪及檢修屋面時的荷載外;同時還要用以抵抗風、雨、雪、太陽的輻射和冬季低溫的影響。因此,屋頂設計必須滿足堅固、防水、排水、保溫(隔熱)、抵御侵蝕等要求,同時還應做到自重輕、構造簡單、施工方便和經濟合理等。

8.1.2　屋頂的基本組成

屋頂由屋面、承重結構、保溫(隔熱)層和頂棚等部分組成。

1. 屋面

屋面是屋頂的面層,它暴露在大氣中,直接受自然界的影響。因此,屋面的材料應具有一定的防水抗滲能力和耐自然侵蝕的性能,同時屋面也應具有一定的強度,以便承受風雪荷載和屋面檢修荷載。

2. 屋頂的承重結構

承重結構承受屋面傳來的荷載和屋頂自重,并將它們傳給墙或柱。常見的屋頂承重結構有木結構、鋼筋混凝土結構、鋼結構等。

3. 保溫、隔熱層

由于一般屋面材料及承重結構的保溫或隔熱性能較差,故在寒冷地區須加設保溫層,炎熱地區加設隔熱層,以滿足節能要求。保溫和隔熱層應采用導熱系數小的輕質材料,其位置常設于頂棚和屋面之間。

4. 頂棚

頂棚是屋頂的底面,又稱天棚。當承重結構爲板式或梁板式結構時,可以做直接抹灰式頂棚。當承重結構爲屋架或要求頂棚平齊(不允許梁外露)時,可以采用吊頂棚。屋頂的組成見圖8.1。

8.1.3　屋頂的類型

由于屋面材料和承重結構形式的不同,屋頂有多種類型,一般可分爲平屋頂、坡屋頂、曲面屋頂三大類。屋頂的類型見圖8.2。

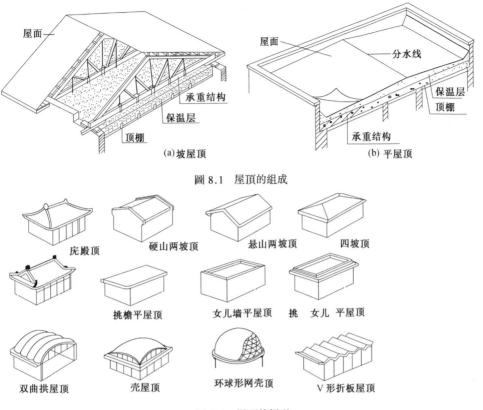

圖 8.1　屋頂的組成

圖 8.2　屋頂的類型

1. 平屋頂

一般采用現澆或預制鋼筋混凝土結構作爲承重結構,屋面采用防水性能好的防水材料,屋面的排水坡度一般爲 3% 以下,常用 2% ~ 3%。

2. 坡屋頂

坡屋頂是常見的屋頂類型,有單坡、雙坡、四坡、歇山、廡殿、卷棚等。屋面材料多以各種小塊瓦爲防水材料,排水坡度較大,一般在 15% 以上。也可以使用波形瓦、鍍鋅鐵皮等爲屋面防水材料。

3. 曲面屋頂

曲面屋頂是由各種薄壁結構或懸索結構所形成屋頂,有筒形、球形、雙曲面等形式。這種結構形式受力合理,能充分發揮材料的力學性能,故常用于大跨度的建築中。

8.1.4　屋面的防水等級

屋面工程根據建築物的性質、重要程度、使用功能要求以及防水層合理使用年限,《屋面工程技術規範》GB 50345—2004 中將屋面防水分爲四個等級,見表 8.1。

表 8.1　屋面防水等級

項目	屋　面　防　水　等　級			
	Ⅰ	Ⅱ	Ⅲ	Ⅳ
建築物類別	特別重要或對防水有特殊要求的建築	重要的建築和高層建築	一般的建築	非永久性的建築
防水層合理使用年限	25 年	15 年	10 年	5 年
設防要求	三道或三道以上防水設防	兩道防水設防	一道防水設防	一道防水設防
防水層選用材料	宜選用合成高分子防水卷材、高聚物改性瀝青防水卷材、金屬板材、合成高分子防水涂料、細石防水混凝土等材料	宜選用合成高分子防水卷材、高聚物改性瀝青防水卷材、金屬板材、合成高分子防水涂料、高聚物改性瀝青防水涂料、細石防水混凝土、平瓦油甄瓦等材料	宜選用合成高分子防水卷材、高聚物改性瀝青防水卷材、三甄四油瀝青防水卷材、金屬板材、合成高分子防水涂料、高聚物改性瀝青防水涂料、剛性防水層、平瓦、油甄瓦等材料	可選用二甄三油瀝青防水卷材、高聚物改性瀝青防水涂料等材料

注：1.本規範中采用的瀝青均指石油瀝青，不包括煤瀝青和煤焦油等材料。

　　2.石油瀝青紙胎和瀝青復合胎柔性防水材料，系限制使用材料。

　　3.在Ⅰ、Ⅱ級屋面防水設防中，如僅作一道金屬板材時，應符合有關技術規定。

8.2　屋頂的排水與防水

　　屋頂設計必須滿足堅固耐久、防水、排水、保温（隔熱）、耐侵蝕等要求。在這些要求中防水和排水是至關重要的内容。屋面防水是指屋面材料應該具有一定的抗滲能力，做到不漏水；屋面排水是指屋面雨水能迅速排除而不積存，以減少滲漏的可能性。如果屋面排水處理不好，雨水積存在屋面上形成一定的壓力就必然增加滲漏的可能性，因此屋面設計中排水設計是基礎，防水設計是關鍵。

8.2.1　屋頂的排水

1.屋頂排水坡度的形成

（1）材料找坡（亦稱墊置坡度）

　　屋面板水平擱置，屋面坡度由鋪在屋面板上的厚度有變化的找坡層形成。一般用于跨度較小的屋面。找坡層的材料應用造價低的輕質材料，如水泥爐渣、石灰爐渣、加氣混凝土等。民用建築中采用較多。

（2）結構找坡（亦稱擱置坡度）

　　屋面板傾斜擱置形成坡度。頂棚是傾斜的，由于不需另設找坡層，因而減輕了屋頂的荷載，多用于工業建築及有吊頂的民用建築，民用建築中采用較少。

2.排水方式

屋面的排水方式分爲無組織排水和有組織排水兩類。

(1)無組織排水

無組織排水是指雨水經屋檐自由下落的排水方式,也稱自由落水。無組織排水的檐口應設挑檐,以防屋面雨水下落沖刷墻面,一般用于檐口高度較小的建築中。

(2)有組織排水

當建築較高或年降雨較大時,應采用有組織排水。有組織排水是設置天溝將雨水匯集后,經天溝底部1%的坡度將雨水導向雨水口,然后經雨水管排到室外地面或地下排水系統。有組織排水分爲外排水和內排水兩種方式。

①外排水。外排水是指雨水管裝在室外的一種排水方式,常見的形式有挑檐溝外排水、女兒墙外排水、女兒墙挑檐溝外排水等。

②內排水。內排水就是指雨水由內天溝匯集,經雨水口和室內雨水管排入下水系統,多用于高層建築、多跨房屋及寒冷地區的房屋。

屋頂的排水方式見圖 8.3。

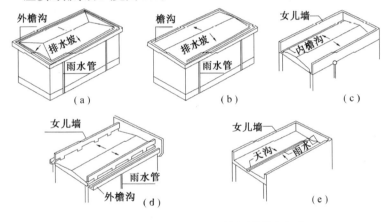

圖 8.3　平屋頂的排水方式

(3)雨水管的間距

有組織排水時,不論內排水還是外排水,都要通過雨水管將雨水排除,因而必須有足够數量的雨水管才能將雨水及時排走。雨水管的數量與降雨量和雨水管的直徑有關,雨水管的常用間距爲 10 ~ 15 m。

常用的雨水管有 UPVC 管、鑄鐵管、鍍鋅鐵皮管等幾種,其直徑有 φ50、φ75、φ100、φ125、φ200 等幾種規格,民用建築常用 75 ~ 100 mm。

8.2.2　屋頂的防水

平屋頂的防水方式有卷材防水、涂膜防水和剛性防水等。

1.卷材防水屋面

常用的防水卷材有瀝青防水卷材、高聚物改性瀝青防水卷材、合成高分子防水卷材等。卷材防水適用于防水等級Ⅰ～Ⅳ級的屋面防水。

(1)瀝青防水卷材

瀝青防水卷材,是用原紙、纖維織物、纖維氈等胎體材料浸瀝青,表面撒布粉狀、粒狀或片狀材料制成可卷曲的片狀防水材料。

①石油瀝青紙胎油氈。石油瀝青紙胎油氈分爲 200 號、350 號和 500 號三種標號;按所用隔離材料不同,又分爲粉狀面油氈和片狀面油氈;350 號和 500 號粉面油氈,適用于屋面、地下、水利等工程的多層防水;片狀面油氈用于單層防水。

②瀝青玻璃布油氈。適用于地下防水、防腐層用,也適合于平屋頂防水層及非熱力的金屬管道防腐保護層。

③鋁箔面油氈。系采用玻纖氈爲胎基,浸涂氧化瀝青,在其上面用壓紋鋁箔貼面,底面撒以細顆粒礦物材料或覆蓋聚乙烯膜,所制成的具有熱反射和裝飾功能的防水卷材。

(2)高聚物改性瀝青防水卷材

高聚物改性瀝青防水卷材,是以合成高分子聚合物改性瀝青爲涂蓋層,纖維織物或纖維氈爲胎體,粉狀、粒狀、片狀或薄膜材料爲覆面材料制成可卷曲的片狀防水材料。

①再生膠油氈。再生膠油氈,是再生橡膠、10 號石油瀝青和碳酸鈣,經混煉、壓延而成的無胎防水卷材。它的主要特點是具有一定的延伸性,低溫柔性較好,耐腐蝕能力較強,可單層冷作業鋪設。

②彈性體瀝青防水卷材。彈性體瀝青防水卷材是用瀝青或熱塑彈性體(如 SBS 改性瀝青)浸漬胎基,兩面涂以彈性體瀝青涂蓋層,上表面撒以細紗、礦物粒(片)料或覆蓋聚乙烯膜,下面撒以細紗或覆蓋聚乙烯膜所制成的一類防水卷材。它的特點是耐高溫性、耐低溫性和耐疲勞性較好,耐撕裂強度、耐穿刺性和彈性較高。改性瀝青柔性油氈,適用于屋面及地下防水工程。

(3)合成高分子防水卷材

合成高分子防水卷材,是以合成橡膠、合成樹脂或兩者的共混體爲基料,加入適量的化學助劑和填充料等,經不同工序加工而成可卷曲的片狀防水卷材。

①橡膠系防水卷材有硫化型橡膠卷材、三元己丙橡膠卷材等。

②塑料系防水卷材有聚氯乙烯防水卷材和氯化乙烯防水卷材等。

③橡塑共混型防水卷材是氯化聚乙烯－橡膠共混的防水卷材,它兼有塑料和橡膠的優點,使卷材的抗拉強度、伸長率和耐老化性能等,都有顯著提高。

2.涂膜防水屋面

涂膜防水的防水涂料有瀝青基防水涂料、高聚物改性瀝青防水涂料和合成高分子防水涂料等,涂膜防水主要用于防水等級爲Ⅲ級、Ⅳ級的屋面防水,也可用作Ⅰ級、Ⅱ級屋面多道防水中的一道防水層。

(1)瀝青基防水涂料

以瀝青爲基料配制成的水乳型或溶劑型防水涂料。

(2)高聚物改性瀝青防水涂料

以瀝青爲基料,用合成高分子聚合物進行改性,配制成的水乳型或溶劑型防水涂料。這種涂料可冷作業施工、機械化噴涂,施工效率高。

①氯丁膠乳瀝青防水涂料,是以氯丁橡膠和瀝青爲基料,先分別配制成乳液,再按比例均勻混合在一起的産物。

②再生膠瀝青防水涂料,是以石油瀝青爲基料,再生橡膠爲改性材料,復合而成的防水涂料。這種涂料有水乳型和油溶型兩種。

(3)合成高分子防水涂料

合成高分子防水涂料,是以合成橡膠或合成樹脂爲主要成膜物質,配制成的單組分或多組分的防水涂料,如聚氨酯防水涂料。

3.剛性防水屋面

剛性防水屋面,是指用防水砂漿或密實混凝土作爲防水層的屋面。

防水砂漿或密實混凝土的形成方法有:

(1)加防水劑

防水劑摻入砂漿或混凝土后,能産生不溶性物質堵塞毛細孔,提高防水能力。一般防水劑摻入量爲水泥重量的 3% ~ 5%。

(2)加泡沫劑

泡沫劑形成的微小氣泡構成封閉的互不連通的細小空泡結構,破壞了砂漿或混凝土中的毛細孔,提高防水能力。

(3)提高密實性

在配制水砂漿或混凝土時,注意骨料級配、控制施工質量,可以提到水砂漿或混凝土的密實性。

4.屋面密封材料

適用于屋面防水工程的密封處理,并于卷材防水屋面、涂膜防水屋面、剛性防水屋面等配合使用。

(1)改性瀝青密封材料

改性瀝青密封材料,是用瀝青爲基料,用適量的合成高分子聚合物進行改性,加入填充料和其他化學助劑配制而成的膏狀密封材料,如建築防水瀝青嵌縫油膏、煤焦油 – 聚氯乙烯油膏等。

(2)合成高分子密封材料

合成高分子密封材料,以合成高分子材料爲主體,加入適量的化學助劑、填充材料和着色劑,經過特定的生産工藝加工而成的膏狀密封材料,有聚氯乙烯建築防水接縫材料(簡稱 PVC)、磺化聚乙烯嵌縫密封膏、水乳型丙烯酸酯密封膏、聚氨酯建築密封膏等

8.3 平屋頂的構造

8.3.1 柔性防水屋面的構造

柔性防水屋面指以卷材爲防水層的屋面。

1.柔性防水屋面的構造組成

柔性防水屋面的構造組成從下至上有:

(1)結構層

是屋頂的承重結構,一般采用現澆或預制鋼筋混凝土屋面板。

(2)找平層

爲了保證卷材基層表面的平整度,一般在結構層或保温層上作 1:3 水泥砂漿找平層厚 15 ~ 30 mm,爲防止找平層變形開裂破壞卷材防水層,宜在找平層上設置分格縫,縫寬一般爲 20 mm,并嵌填密封材料,分格縫的間距不宜大于 6 m。

(3)結合層

由于砂漿找平層表面存在因水分蒸發形成的孔隙和小顆粒粉塵,很難使瀝青與找平層黏結牢固,所以需要在找平層上刷一層冷底子油作爲結合層。冷底子油是用瀝青加入柴油或汽油等有機溶劑稀釋而成,由于配制是在常温下進行不需加熱,故稱冷底子油。

(4)防水層

防水層的材料有瀝青防水卷材、高聚物改性瀝青防水卷材、合成高分子防水卷材等。卷材鋪設應采用搭接法,上下層及相鄰兩幅卷材的搭接縫應錯開。平行于屋脊的搭接縫應順水流方向搭接;垂直于屋脊的搭接縫應順最大頻率風向搭接。各卷材的搭接寬度應滿足表 8.2 要求。

表 8.2 卷材搭接寬度

搭接方向 鋪貼方法 卷材種類	短邊搭接寬度/mm		長邊搭接寬度/mm	
	滿鋪法	空鋪法 點鋪法 條鋪法	滿鋪法	空鋪法 點鋪法 條鋪法
瀝青防水卷材	100	150	70	100
高聚物改性瀝青防水卷材	80	100	80	100
自粘聚合物改性瀝青防水卷材	60	—	60	—
合成高分子 防水卷材 粘貼劑	80	100	80	100
合成高分子 防水卷材 膠粘帶	50	60	50	60
合成高分子 防水卷材 單縫焊	60,有效焊縫寬度不小于 25			
合成高分子 防水卷材 雙縫焊	80,有效焊縫寬度 10×2 + 空腹寬			

(5)保護層

卷材防水層在陽光和大氣長期作用下會失去彈性而變脆開裂,故需在防水層上設置保護層。

屋面爲不上人屋面時,熱瑪脂粘貼的瀝青防水卷材可選用粒徑爲 3 ~ 5 mm、色淺、耐風化和顆粒均匀的綠豆砂;冷瑪脂粘貼的瀝青防水卷材可選用雲母或蛭石等片狀材料。有的地區試用鋁銀粉爲保護層,其具有反射太陽輻射性能好、施工方便、重量輕及造價低等優點。

上人屋面保護層,可以在防水層上澆注 30 ~ 40 mm 厚的細石混凝土面層,每隔 2 m 設一道分格縫,見圖 8.4(a)。也可鋪設預制 C20 級的細石混凝土板(400 mm × 400 mm × 300 mm),用 1:3 水泥砂漿作爲結合層,見圖 8.4(b)。爲了防止塊材或整體面層由于温度變形將卷材防水層拉裂,應在保護層和防水層之間設置隔離層。隔離層可采用低强度砂漿或干鋪一層卷材。

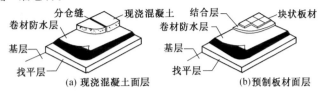

圖8.4　上人屋面保護層作法

2.柔性防水屋面的細部構造

柔性防水屋面構造除應作好大面積防水外,還應按照《屋面工程技術規範》GB 50345—2004的要求,特別注意屋面各節點部位的構造、處理,如屋面防水層與垂直墻面相交處的泛水、屋面檐口、雨水口、變形縫和伸出屋面的管道、烟囱、屋面檢查口等與屋面防水層的交接處的構造,這些部位是防水層切斷處或防水層的邊緣,是屋面防水層最容易處理不當的部位。

(1)泛水

屋面防水層與垂直墻面相交處的構造處理稱泛水,如女兒墻、出屋面水箱、出屋面的樓梯間等與屋面的相交部位,均應作泛水。泛水與屋面相交處的找平層應做成圓弧($R = 100 \sim 150$ mm),以防止卷材由于直角鋪設而折斷。爲增强泛水處的防水能力,泛水處應加鋪一層卷材。卷材在垂直墻面上的粘貼高度應≥ 250 mm,通常爲300 mm。爲防止卷材與墻面脫離,卷材上部應收頭,磚墻泛水構造見圖8.5(a),鋼筋混凝土墻泛水構造見圖8.5(b)。

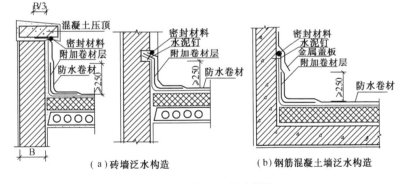

圖8.5　泛水構造

(2)檐口

包括自由落水檐口、挑檐溝檐口、女兒墻内檐溝檐口等。

①自由落水檐口。一般采用現澆或預制鋼筋混凝土挑檐,卷材在檐口800 mm範圍内應采用滿貼法,卷材端部收頭應固定密封。

自由落水檐口構造見圖8.6。

②挑檐溝檐口。挑檐溝檐口一般采用現澆或預制鋼筋混凝土挑檐溝挑出。檐溝内應加鋪1~2層卷材,檐溝與屋面交接處的加鋪卷材宜空鋪,空鋪寬度應爲200 mm。卷材在檐溝端部收頭。挑檐溝檐口構造見圖8.7。

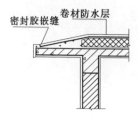

圖 8.6　自由落水檐口構造

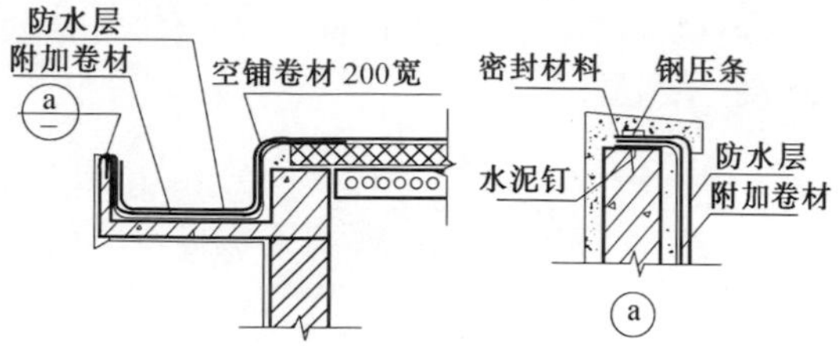

圖 8.7　挑檐溝檐口構造

(3)雨水口

有組織排水的雨水口可分爲設在檐溝底部的水平雨水口和設在女兒墻上的垂直雨水口兩種。水落口杯有鑄鐵和塑料兩種,水落口周圍 500 mm 範圍内坡度不應小于 5%,并用防水涂料或密封材料涂封。爲防止滲漏,雨水口處應加鋪一層卷材并鋪至落水口杯内,用油膏嵌縫。水落口杯與基層相接處應留寬 20 mm、深 20 mm 凹槽,嵌填密封材料,雨水口構造見圖 8.8。

(a) 垂直雨水口

(b) 水平雨水口

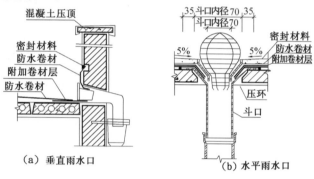

圖 8.8　雨水口的構造

(4)管道出屋面的構造

伸出屋面管道周圍的找平層應作成圓錐臺,管道與找平層之間應留凹槽,并嵌填密封材料,防水層卷材卷起高度不應小于 250 mm。防水層收頭處應用金屬箍箍緊,并用密封材料密封,其構造見圖 8.9。

(5)屋面出入口的構造

卷材防水層的收頭應壓在混凝土壓頂圈下,見圖 8.10。

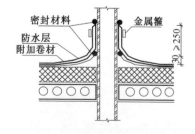

圖 8.9　管道出屋面構造

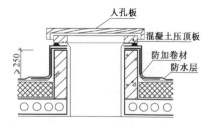

圖 8.10　屋面出入口構造

8.3.2 剛性防水屋面

1.剛性防水屋面的構造組成

(1)防水層

剛性防水屋面常采用不低于 C20 級細石混凝土整澆防水層,其厚度不應小于 40 mm。爲防止混凝土收縮時産生裂縫,應在混凝土中配置直徑爲 $\phi 4 \sim \phi 6$,間距爲 $100 \sim 200$ mm 的雙向鋼筋網片。鋼筋網片在分格縫處應斷開,其保護層的厚度應不小于 10 mm。

爲了防止因溫度變化産生的裂縫無規律的擴展,通常在防水層中設置分格(倉)縫。分格縫的位置應設在結構層的支座處、屋面轉折處、防水層與突出屋面結構的交接出,其縱橫間距不宜大于 6 m。分格縫的寬度爲 20 mm 左右,縫口用油膏嵌 $20 \sim 30$ mm 深,縫内填瀝青麻絲。

爲防止嵌縫油膏老化,常用卷材覆蓋分格縫。縱向分格縫采用平縫,縱向分格縫采用凸出表面 $30 \sim 40$ mm 的凸縫。

(2)隔離層

剛性防水層受溫度變化熱脹冷縮,如與結構層做成整體則受結構層約束,從而産生約束應力導致防水層開裂,所以應在結構層和防水層之間設置隔離層。隔離層可采用紙筋灰、干鋪卷材、低强度等級砂漿等。

(3)找平層

當結構層采用預制鋼筋混凝土屋面板時,應作 20 mm 厚 1:3 水泥砂漿找平層;當采用現澆鋼筋混凝土屋面板時,可不設找平層。

(4)結構層

一般采用現澆或預制鋼筋混凝土屋面板。

剛性防水屋面的構造見圖 8.11。分格縫的構造見圖 8.12。

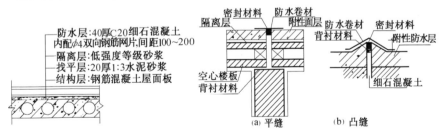

圖 8.11 剛性防水屋面的構造   圖 8.12 分格縫的構造

8.4 坡屋頂的構造

8.4.1 坡屋頂的承重結構

坡屋頂的承重結構有硬山擱檁和屋架承重兩種。硬山擱檁是把橫墻上部砌成三角形,直接擱置檁條以支撑屋頂荷載,一般用于小開間的房屋。當房屋開間較大時則選用屋架承重,屋面上的荷載通過屋面板、檁條等構件傳給屋架,再由屋架傳給墻或柱,見圖8.13。

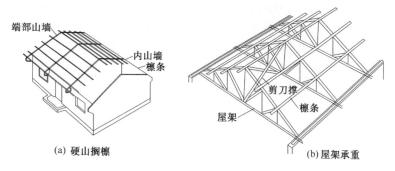

(a) 硬山搁檩　　　　　　(b)屋架承重

圖 8.13　坡屋頂的承重結構

房屋平面有凸出部分時,屋頂結構有兩種做法:一種是將凸出部分的檁條擱置在房屋的檁條上,另一種是將檁條擱置在房屋的斜梁上,見圖8.14。四坡屋頂的屋頂結構是利用半屋架或斜梁擱置檁條,見圖8.15。

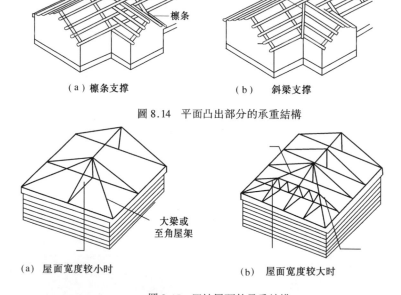

（a）檩条支撑　　　　　　（b）斜梁支撑

圖 8.14　平面凸出部分的承重結構

(a) 屋面寬度较小时　　　　　　(b)　屋面寬度较大时

圖 8.15　四坡屋頂的承重結構

8.4.2　坡屋面的基層和防水層

坡屋面所采用的防水層有平瓦屋面、小青瓦屋面、波形瓦屋面,壓型鋼板屋面等,這里主要介紹平瓦屋面和波形瓦屋面。

1. 平瓦屋面

平瓦屋面所用的瓦材有黏土平瓦及水泥平瓦兩種,其規格 400 mm × 240 mm,厚度 20 mm。

(1)平瓦屋面的做法

①冷攤瓦屋面。是直接在椽條上釘挂瓦條,見圖 8.16。這種做法構造簡單,但雨雪易從瓦縫中飄入室內。

②木望板瓦屋面。是在屋架上或磚墙上設標條,在標條上釘望板,并平行屋脊干鋪一層油氈,在油氈上面垂直于屋脊方向釘斷面爲 6 mm × 24 mm 或 9 mm × 30 mm 的順水條,間距 400 ~ 500 mm,然后垂直于順水條釘斷面 20 mm × 25 mm 的挂瓦條,最后挂平瓦。這種做法的優點是由瓦縫滲漏的雨水被阻于油氈之上,可以沿順水條排除,屋面的保温效果也好。構造做法見圖 8.17。

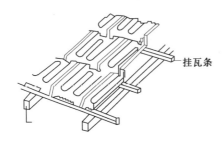

圖 8.16　冷攤瓦屋面構造

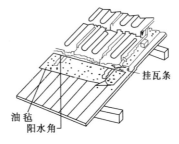

圖 8.17　木望板瓦屋面構造

③鋼筋混凝土屋面板瓦屋面。在鋼筋混凝土屋面板上直接粘貼或設木質挂瓦條挂貼各種型瓦如琉璃瓦、波紋瓦、水泥瓦等,構造做法見圖 8.18。

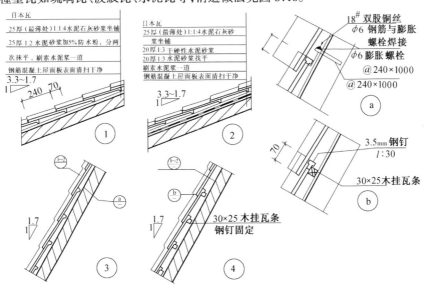

圖 8.18　鋼筋混凝土屋面板瓦屋面構造

(2)平瓦屋面的細部構造

①縱墻檐口。當檐口出檐較小時,可采用磚挑檐,磚逐皮挑出 1/4 磚,挑出總長度不大于墻厚的 1/2。有椽子的屋面可以用椽子上挑,挑檐長度一般爲 300~500 mm。當檐口出挑較大時,采用屋架下弦設托木或挑檐木挑檐,這種做法挑檐長度可達 500~800 mm,見圖 8.19。

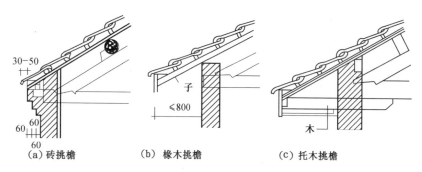

(a) 磚挑檐   (b) 椽木挑檐   (c) 托木挑檐

圖 8.19　縱墻檐口構造

②山墻檐口。山墻檐口按屋頂形式分爲硬山和懸山兩種。硬山是將山墻高出屋面形成山墻女兒墻。女兒墻與屋面相交處做泛水處理,做法有 1:3 水泥砂漿泛水及水泥麻刀石灰泛水等,見圖 8.20。懸山是把屋面挑出山墻之外的做法,一般先將檁條外挑,檁條端部釘木封檐板,再用加麻刀的混合砂漿將邊壓住,抹出封檐緣,見圖 8.21。

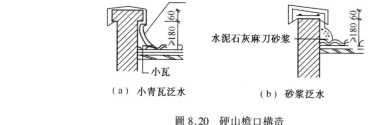

(a) 小青瓦泛水   (b) 砂漿泛水

圖 8.20　硬山檐口構造

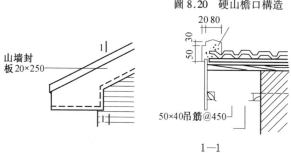

圖 8.21　懸山檐口構造

③烟囱根部的泛水。烟囱根部常做鍍鋅鐵皮泛水,在烟囱近屋脊一側,鐵皮應鑲入瓦下;在烟囱近檐口一側,鐵皮應蓋在瓦上;兩側鍍鋅鐵皮上翻 250 mm 高,插入墻內或釘在墻內的預埋木磚上,見圖 8.22。

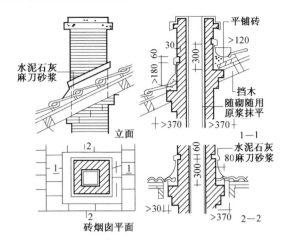

圖 8.22　烟囱根部的泛水構造

2.波形瓦屋面

波形瓦包括石棉水泥波形瓦、木質纖維波形瓦、鋼絲網水泥波形瓦、鍍鋅瓦楞鐵皮、玻璃鋼波形瓦等。

波形瓦的特點是自重輕、強度高、尺寸大、接縫少、防漏性能好等。波形瓦可直接用瓦釘鋪或用鈎子挂鋪在檁條上。上下搭接至少 100 mm,左右應順主導風搭接,搭接寬度至少一個半瓦壟。瓦釘的釘固孔位應在瓦的波峰處,并應加設鐵墊圈、氈墊等,做法見圖 8.23。

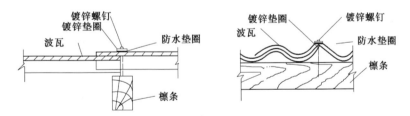

圖 8.23　波形瓦的搭接

3.壓型鋼板屋面

壓型鋼板屋面可直接鋪設在檁條上,通過固定支架與檁條相連接,上下兩排的搭接長度不小于 200 mm,縫內用密封材料嵌填嚴密,檐口處應設異型鍍鋅鋼板的堵頭封檐板,山墙處應用異型鍍鋅鋼板的包角板和固定支架封嚴,做法見圖 8.24。

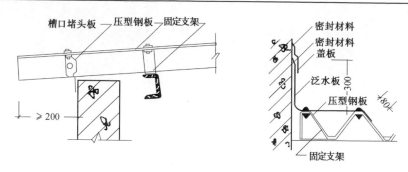

圖 8.24　壓型鋼板屋面構造

8.5　屋頂的保溫與隔熱

8.5.1　平屋頂的保溫

北方地區,爲減少冬季室內的熱量通過屋頂向室外散失,屋頂應設置保溫層。

1.保溫材料的類型

保溫材料必須是空隙多、容重輕、導熱系數小的材料。按施工方式不同可分爲三類:

(1)松散保溫材料

有膨脹珍珠岩、爐渣(粒徑爲 5 ～ 40 mm)、礦棉等。

(2)整體保溫材料

瀝青膨脹珍珠岩、瀝青膨脹蛭石、水泥膨脹珍珠岩、水泥膨脹蛭石、水泥爐渣等。

(3)板狀保溫材料

加氣混凝土板、泡沫混凝土板、膨脹珍珠岩板、膨脹蛭石板、礦棉板、泡沫塑料板等。

2.平屋頂的保溫構造

平屋頂保溫層的位置有兩種:一種是將保溫層放在防水層之下,結構層之上,成爲封閉的保溫層;另一種是將保溫層放在防水層之上,成爲敞露的保溫層。前一種方式叫正鋪法,后一種方式叫倒鋪法。

　　冬季室內溫度高於室外,室內的水蒸氣通過結構層的空隙滲透進保溫層,使保溫層受潮,從而降低保溫層的保溫性能。同時保溫層中的水分遇熱后轉化爲蒸汽,體積膨脹,會導致卷材防水層起鼓破壞。所以正鋪法保溫屋面需在保溫層和結構層之間作隔蒸汽層。正鋪法卷材保溫屋面構造見圖8.25。

　　隔氣層阻止了外界水蒸氣滲入保溫層,但施工中殘留在保溫層或找平層中的水分却無法散失,這就需要在保溫層中設置排氣道和排氣孔,排氣道構

保护层:粒籽3-5厚细砂
防水层:改性沥青卷材
结合层:冷底子油二道
找平层:20厚1:3水泥砂浆
保温层:热工计算确定
隔汽层:一毡二油
结合层:冷底子油二道
找平层:20厚1:3水泥砂浆
结构层:钢筋混凝土屋面板

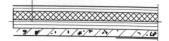

圖 8.25　正鋪法卷材屋面的構造

造見圖 8.26。

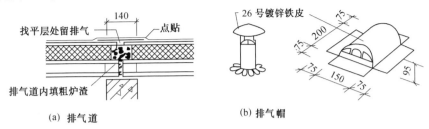

(a) 排氣道   (b) 排氣帽

圖 8.26　排汽道的構造

倒鋪法卷材保溫屋面構造是將保溫層設在防水層之上。倒鋪屋面保溫層采用憎水性的保溫材料,如聚苯乙烯泡沫塑料板、聚氨酯泡沫塑料板等。保溫層在防水層之上既保護了防水層,同時也提高了屋面的熱工性能,節省能源。倒鋪屋面保溫層上面可采用混凝土板、卵石等做保護層,倒鋪法卷材保溫屋面見圖 8.27。

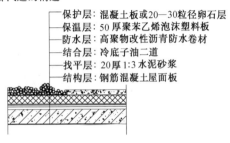

保護層:混凝土板或20—30粒径卵石層
保溫層:50 厚聚苯乙烯泡沫塑料板
防水層:高聚物改性沥青防水卷材
结合層:冷底子油二道
找平層:20厚1:3水泥砂漿
结构層:钢筋混凝土屋面板

圖 8.27　倒鋪法卷材屋面的構造

3.平屋頂的隔熱

南方地區,爲避免夏季太陽輻射熱從屋頂進入室內,對屋面需做隔熱處理。

屋頂隔熱降溫的基本原理是減少太陽輻射熱直接作用于屋頂表面。隔熱的構造措施有:種植屋面、蓄水屋面、通風隔熱屋面、反射降溫隔熱等四種方式,這里主要介紹常用的通風隔熱屋面。

通風隔熱屋面就是在屋頂中設置通風隔熱間層,利用間層的空氣流動不斷地將熱量帶走,使下層屋面板傳給室內的熱量減少,達到隔熱降溫的目的。通風間層通常有兩種方式,一種是在屋面上作架空通風隔熱層,另一種是利用頂棚內的空間作通風隔熱層。

架空通風隔熱屋面:

架空通風隔熱層的高度與屋面的寬度和坡度成正比,一般架空通風隔熱層的净空高度宜爲 100 ~ 300 mm。當屋面的寬度大于 10 m 時,必須設通風脊,以便增加風壓來改善通風效果。另外,爲保證有足够的通風口,架空通風隔熱層與女兒墙之間應留不小于 250 mm的距離。

通風層可以采用磚墩或磚壟墙支承大階磚和預制拱形、三角形、槽形混凝土瓦。通風層的進風口宜設在夏季主導風的正壓區,出風口宜設在負壓區,這樣空氣對流速度快,散熱效果好。平屋頂的通風降溫隔熱屋面構造見圖 8.28。

4.坡屋頂的保溫與隔熱

(1)坡屋頂的保溫

當屋頂有吊頂棚時,保溫層應設在吊頂棚上。不設吊頂的屋頂,保溫層設在屋面層中。保溫材料多用膨脹珍珠岩、玻璃棉、礦棉、白灰鋸末等,坡屋頂保溫構造見圖 8.29。

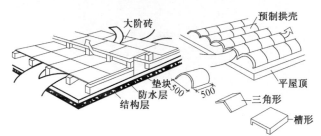

（a）大阶砖或预制混凝土板架空通风层　（b）预制配件通风层

圖8.28　平屋頂通風降温隔熱示意圖

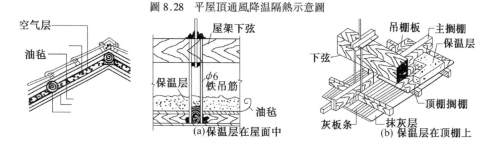

圖8.29　坡屋面的保温構造

（2）坡屋頂的通風隔熱

屋面可設成雙層屋面，屋檐設進風口，屋脊設出風口，利用空氣流動帶走間層中的一部分熱量，從而達到降温的目的。另外當屋頂有吊頂棚時，可利用吊頂棚與屋面之間的空隙來通風，通風口一般設在檐口、屋脊、山墙等處。

坡屋頂的通風構造見圖8.30。

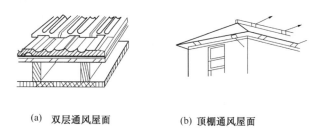

（a）　双层通风屋面　　　　　（b）顶棚通风屋面

圖8.30　坡屋頂的通風構造

復習思考題

1.屋頂是由哪幾部分組成的？它們的作用是什么？

2.屋頂的坡度是根據什么確定的？

3.什么樣的屋頂叫平屋頂？

4.屋頂的排水方式有哪些？

5.雨水管的間距是如何確定的？

6.卷材防水屋面的構造層次有哪些？

7.了解常見的屋面防水節點構造做法？

8.剛性防水屋面爲什么設分倉縫？

9.了解常見坡屋頂的構造做法？

第9章 變 形 縫

9.1 變形縫的作用、類型

9.1.1 變形縫的作用

房屋受到外界各種因素的影響,會使房屋產生變形、開裂而導致破壞。這些因素包括溫度變化的影響、房屋相鄰部分荷載差异較大、結構類型不同、地基承載力差异較大以及地震的作用等。爲了防止房屋的破壞,常將房屋分成幾個獨立變形的部分,使各部分能相對獨立變形,互不影響,各部分之間的縫隙稱爲房屋的變形縫。

9.1.2 變形縫的類型

變形縫分爲伸縮縫、沉降縫和防震縫。

1. 伸縮縫

伸縮縫是爲了防止建築因溫度變化產生破壞的變形縫。由于自然界冬夏溫度變化的影響,建築物構件會因熱脹冷縮引起變形,這種變形與房屋的長度有關,長度越大變形越大,當變形受到約束時,就會在房屋的某些構件中產生應力,從而導致破壞。在房屋中設置伸縮縫就是使縫間建築的長度不超過某一限值,減小溫度應力,避免破壞建築構件。伸縮縫的間距與結構類型有關。

伸縮縫要從房屋基礎的頂面開始,墙體、樓地面、屋頂均應設置。由于地下溫度變化較小,故基礎可以不設伸縮縫。屋面材料爲平瓦或波形瓦時,其間縫隙較大可以伸縮,也可以不設伸縮縫。伸縮縫的寬度一般爲 20～30 mm。

表 9.1 鋼筋混凝土結構伸縮縫最大間距 /m

結 構 類 別		室内或土中	露 天
排架結構	裝配式	100	70
框架結構	裝配式	75	50
	現澆式	55	35
剪力墙結構	裝配式	65	40
	現澆式	45	30
擋土墙、地下室墙壁等類結構	裝配式	40	30
	現澆式	30	20

注:1. 如有充分依據或可靠措施,表中數值可予以增減;

2. 當屋面板上部無保溫或隔熱措施時,對框架、剪力墙結構的伸縮縫間距,可按表中露天欄的數值選取;對排架結構的伸縮縫間距,可按表中室内欄的數值適當減小;

3. 排架結構的柱長(從基礎頂面算起)低于 8 m 時,宜適當減小伸縮縫間距;

4.外墙裝配内現澆的剪力墙結構,其伸縮縫最大間距宜按現澆式一欄的數值選用。滑模施工的剪力墙結構,宜適當減少伸縮縫的間距。現澆墙體在施工中應采取措施減小混凝土收縮應力;

5.位于氣候干燥地區、夏季炎熱且暴雨頻繁地區的結構或處于高温作用下的結構,可按照使用經驗適當減小伸縮縫間距;

6.伸縮縫的間距尚應考慮施工條件的影響,必要時(如材料收縮較大或室内結構因施工外露時間較長)宜適當減小伸縮縫間距。

表 9.2　砌體房屋温度伸縮縫的最大間距　　　　　　　　　　　　/m

砌體類別	屋蓋或樓蓋類別		間距
各種砌體	整體式或裝配整體式鋼筋混凝土結構	有保温層或隔熱層的屋蓋、樓蓋	50
		無保温層或隔熱層的屋蓋	40
	裝配式無檁體系鋼筋混凝土結構	有保温層或隔熱層的屋蓋、樓蓋	60
		無保温層或隔熱層的屋蓋	50
	裝配式有檁體系鋼筋混凝土結構	有保温層或隔熱層的屋蓋	75
		無保温層或隔熱層的屋蓋	60
黏土磚、空心磚砌體	黏土瓦或石棉水泥瓦屋蓋 木屋蓋或樓蓋 磚石屋蓋或樓蓋		100
石砌體			80
硅酸鹽砌體和混凝土砌塊砌體			75

注:1.當有實踐經驗時,可不遵守本表的規定。

　　2.層高大于 5 m 的混合結構單層房屋,其伸縮縫間距可按表中數值乘以 1.3,但當墙體采用硅酸鹽塊體和混凝土砌塊砌築時,不得大于 75 m。

　　3.温差較大且變化頻繁地區和嚴寒地區的不采暖的房屋及構造物墙體的伸縮縫的最大間距,應按表中數值予以減小。

　　4.墙體的伸縮縫應與其他結構的變形縫相重合,縫内應嵌以軟質材料,在進行立面處理時,必須使縫隙能起伸縮作用。

2.沉降縫

　　房屋因不均勻沉降造成某些薄弱部位産生錯動開裂。爲了防止房屋無規則的開裂,應設置沉降縫,沉降縫是在房屋適當位置設置的垂直縫隙,把房屋劃分爲若干個剛度較一致的單元,使相鄰單元可以自由沉降,而不影響房屋整體。

　　設置沉降縫的原則是:

　　①房屋的相鄰部分高差較大(例如相差兩層及兩層以上);

　　②房屋相鄰部分的結構類型不同;

　　③房屋相鄰部分的荷載差异較大;

　　④房屋的長度較大或平面形狀復雜;

　　⑤房屋相鄰部分一側設有地下室;

　　⑥房屋相鄰部分建造在地基土的壓縮有顯著差异處;

　　⑦分期建造房屋的交界處。

　　沉降縫應包括基礎在内,從屋頂到基礎全部構件均需分開。沉降縫可以兼起伸縮縫的作用,伸縮縫却不能代替沉降縫。

　　爲了防止房屋相鄰兩單元沉降時互相接觸影響自由沉降,沉降縫的寬度與地基性質和房屋的層數(高度)有關,沉降縫的寬度一般爲 30~70 mm。

3.防震縫

　　建造在地震區的房屋,地震時會遭到不同程度的破壞,爲了避免破壞應按抗震要求進行設計。地震設防烈度 6 度以下地區地震時,對房屋影響輕微可不設防;地震設防烈度爲 10 度地區地震時,對房屋破壞嚴重,建築抗震設計應按有關專門規定執行。地震設防烈度爲 6~9 度地區,應按一般規定設防,包括在必要時設置防震縫。

防震縫將房屋劃分成若干形體簡單、結構剛度均勻的獨立單元,以避免震害。

防震縫的設置原則和寬度,以地震設防烈度、房屋結構類型和高度不同而異。

(1)多層砌體結構房屋有下列情況之一時宜設置防震縫:

①房屋立面高差在 6 m 以上;

②房屋有錯層,且樓板高差較大;

③房屋各部分結構剛度、質量截然不同。

防震縫應沿房屋基礎頂面以上全部結構設置,縫兩側均應設置墻體,基礎因埋在土中可不設縫。防震縫寬可采用 50~100 mm,地震設防地區房屋的伸縮縫和沉降縫應符合防震縫的要求。

(2)鋼筋混凝土房屋宜選用合理的建築結構方案不設防震縫,當必須設置防震縫時,其最小寬度爲:框架結構房屋,當高度不超過15 m時,可以采用 70 mm,當高度不超過 15 m 時,抗震設防烈度爲 6 度、7 度、8 度和 9 度相應每增加高度 5 m,4 m,3 m 和 2 m,宜加寬 20 mm;框架 - 抗震墻結構房屋的防震縫寬度可采用上列相應數值的 70%;抗震墻結構房屋的防震縫寬度可采用上列相應數值的 50%;且均不宜小于 70 mm。

9.2　變形縫的構造

9.2.1　牆體變形縫

墙體伸縮縫分爲内外兩個表面,外表面與自然界接觸、内表面則與使用建築的人接觸,所以内外表面應采取相應的構造措施。一般做法是:外墻面上鐵皮蓋縫;内墻面上則應用木材蓋縫條裝修。伸縮縫應設置在建築平面有變化處,以利隱蔽處理,有時考慮對立面的影響,在可能條件下,也可用落水管擋住伸縮縫,當外墻不抹灰(清水墻)時,不必加釘鋼絲網片。外墙變形縫做法見圖 9.1、圖 9.2,内墙變形縫做法見圖 9.3。

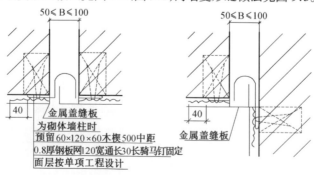

圖 9.1　外墙變形縫(一)

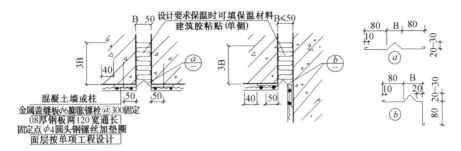

圖9.2　外牆變形縫(二)

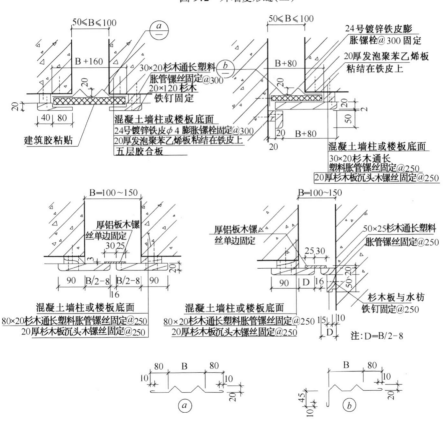

圖9.3　內牆變形縫

9.2.2　樓地面變形縫

　　樓地面變形縫的位置和尺寸,應與牆體變形縫相對應。在構造上應保證地面面層和頂棚美觀,又應使縫兩側的構造自由伸縮。

　　樓層地面和首層地面的整體面層、剛性墊層均應在變形縫處斷開。墊層的縫內常以可壓縮變形的瀝青麻絲填充,面層用金屬板、硬橡膠板、塑料板蓋縫,以防灰塵下落。樓層變形縫下表面爲頂棚面,一般采用木質或硬質塑料蓋縫條。

地面變形縫做法見圖9.4,樓面變形縫做法見圖9.5。

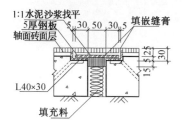

圖9.4 地面變形縫

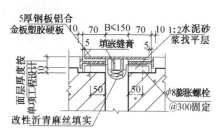

圖9.5 樓面變形縫

9.2.3 屋面變形縫

屋面變形縫的位置有兩種情況,一種是變形縫兩側屋面的標高相同,另一種是變形縫兩側屋面的標高不同。

卷材防水屋面變形縫做法見圖9.6。

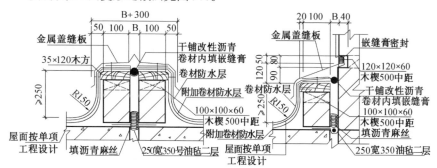

圖9.6 卷材防水屋面變形縫

剛性防水屋面變形縫做法見圖9.7。

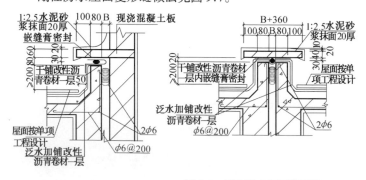

圖9.7 剛性防水屋面變形縫

復習思考題

1. 房屋變形縫分爲哪幾類? 他們的作用是什么?
2. 在什么情況下設置伸縮縫? 伸縮縫的間距與哪些因素有關?
3. 爲什么要設置沉降縫? 設置的原則是什么?
4. 在什么情況下設置抗震縫?
5. 了解常用變形縫的構造做法?

第 10 章　預制裝配式建築

10.1　概　述

建築工業化是指用現代工業的生產方式來建造房屋。具體內容包括建築標準化、構件工廠化、施工機械化和管理科學化。其中標準化是工業化的前提,工廠化是工業化的手段,機械化是工業化的核心,科學化是工業化的保證。

目前普遍認爲,實現建築工業化的途徑有兩個方面,一方面是發展預制裝配式建築,另一方面是發展現場工業化的施工方法。

現場工業化施工方法,主要是在現場采用大模板、滑升模板、升板升層等先進施工方法,完成房屋主要結構的施工,而非承重構配件采用預制方法。混凝土集中攪拌,避免了在現場堆積大量建築材料。施工進度較砌體結構明顯加快,適應性強,整體性和抗震性比預制裝配式建築好,適于荷載大、整體性要求高的房屋。

預制裝配式建築,就是在加工廠生產構配件,運輸到施工現場后,用機械安裝。這種方法的優點是生產效率高,構件質量好,施工受季節影響小,能均衡生產。但生產基地一次性投資大,建設量不穩定時,預制設備不能充分發揮效益。按主要承重構件不同,可分爲砌塊建築、大板建築和框架輕板建築等結構形式。

10.2　砌塊建築

砌塊建築是指墙體由各種砌塊砌成的建築(圖 10.1)。由于砌塊尺寸比黏土磚大得多,表觀密度小,所以能提高生產效率以及墻的保溫隔熱能力。砌塊能充分利用工業廢料和地方材料,對降低房屋造價,減少環境污染也有一定好處。生產砌塊比較容易,施工不需要復雜的機械設備,因此砌塊建築是一種易于推廣的結構形式。

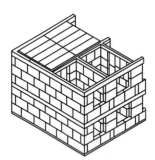

圖 10.1　砌塊建築

10.2.1　砌塊的類型

砌塊的類型很多,按材料分有普通混凝土砌塊、輕骨料混凝土砌塊、加氣混凝土砌塊、工業廢渣混凝土砌塊及粉煤灰硅酸鹽砌塊等。

按塊體分有小型砌塊、中型砌塊和大型砌塊。一般塊高 380～940 mm 的爲中型砌塊,小于 380 mm 的爲小型砌塊。

按用途分有墻體砌塊和樓面砌塊。

目前國内常用的品種有:

1.粉煤灰硅酸鹽中型砌塊

(1)粉煤灰硅酸鹽砌塊

粉煤灰硅酸鹽砌塊是以粉煤灰、石灰、石膏等爲膠凝材料,煤渣或高爐礦渣、石子、人造輕骨料等爲骨料和水按一定比例配合,經攪拌、振動成型、蒸汽養護而制成的實心砌塊。

粉煤灰硅酸鹽砌塊的規格有:厚度 240 mm、200 mm、190 mm、180 mm;寬度 1 180 mm、880 mm、580 mm、430 mm;高度 380 mm。

粉煤灰硅酸鹽砌塊的强度等級主要有 MU10、MU15 兩種;表觀密度以煤渣爲骨料的是 1 650 kg/m³,以砂石爲骨料的是 2 100 kg/m³。

(2)粉煤灰硅酸鹽空心中型砌塊

原料同粉煤灰實心砌塊,經攪拌、振動成型、抽芯、蒸汽養護而制成的空心砌塊。

2.普通混凝土砌塊

(1)普通混凝土空心小型砌塊

簡稱混凝土小型砌塊,是以水泥爲膠凝材料,砂、碎石或卵石爲骨料(最大粒徑不大于砌塊最小壁、肋厚的 1/2),和水按一定比例配合經攪拌、振動、加壓或冲壓成型、養護而制成的砌塊(圖 10.2)。

承重混凝土小型砌塊的强度等級主要有 MU3.5、MU5、MU7.5、MU10 四種。

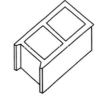

圖 10.2　混凝土小型砌塊

非承重混凝土小型砌塊的强度等級只有 MU3.0 一種。

普通混凝土空心小型砌塊的表觀密度爲 1 150 kg/m³。

(2)普通混凝土空心中型砌塊

簡稱混凝土空心中型砌塊,是以普通混凝土爲原料,以手工立模抽芯工藝成型而制成的一種混凝土薄壁結構的空心砌塊(圖 10.3)。

混凝土空心中型砌塊材料强度等級有 C10、C15、C20、C25 四種,砌塊的表觀密度爲 950 ~ 1 080 kg/m³。

10.2.2　施工要點

1.砌塊排列方法和要求

普通黏土磚尺寸小,使用靈活,并可通過砍磚獲得各種尺寸。但砌塊的尺寸比磚大得多,靈活性不如磚,同時也不能任意砍切,所以砌築前必須周密計劃。

砌築砌塊以前,應根據施工圖的具體情況,結合砌塊規格尺寸,繪制基礎和墻體砌塊排列圖。砌塊排列過程中,需對砌體的局部尺寸作適當調整,使之與砌塊的模數相符。當不滿足錯縫要求時,可用輔助砌塊或普通黏土磚調節錯縫。

砌塊排列時,應注意以下幾點:

①砌塊排列應按設計要求,從地基或基礎頂面開始排列,或從室内 ± 0.000 開始排列。

②砌塊排列時,盡可能采用主規格和大規格砌塊,以減少吊次,增加墻體的整體性。

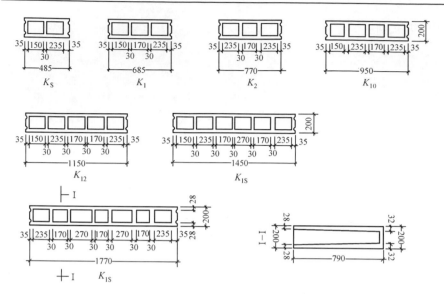

圖 10.3　混凝土空心中型砌塊構造

　　主規格砌塊應占總數量的 75% ~ 80% 以上,副砌塊和鑲砌用磚應盡量減少,宜控制在 5% ~ 10%以內。

　　③砌塊排列時,上下皮應錯縫搭砌,搭砌長度一般爲砌塊長度的 1/2 不得小于砌塊高的 1/3,且不應小于 15 cm。如無法滿足搭砌長度要求時,應在水平灰縫內設置 $2\phi4$ 鋼筋網片予以加强,網片兩端離垂直縫的距離不得小于 30 cm(圖 10.4)。同時還要避免砌體的垂直縫與窗洞口邊綫在同一條垂直綫上。

　　④外墻轉角處及縱橫墻交接處,應將砌塊分皮咬槎,交錯搭砌(圖 10.5)。當不能滿足要求時,應在交接處的灰縫中設置柔性鋼筋拉接網片(圖 10.6)。

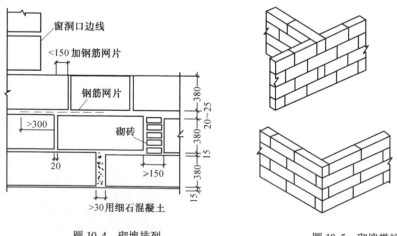

圖 10.4　砌塊排列　　　　　　　　　　圖 10.5　砌塊搭接

⑤砌體的水平灰縫一般爲 15 mm,有配筋或鋼筋網片的水平灰縫爲 20～25 mm。垂直灰縫爲 20 mm,當大于 30 mm 時,應用 C20 細石混凝土灌實,當垂直灰縫大于 150 mm 時,應用整磚鑲砌(圖10.4)。

⑥構件布置位置與砌塊發生矛盾時,應先滿足構件布置。在砌塊砌體上擱置梁或有其他集中荷載時,應盡量控制在砌塊長度的中部,即豎向縫不出現在梁的寬度範圍内。

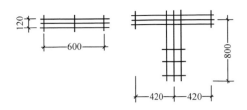

圖 10.6　柔性鋼筋拉接網片

2.施工注意事項和構造措施

①砌體施工前,先將基礎頂面或樓地面按標高要求找平,按圖紙放出第一皮砌塊的軸綫、邊綫和洞口綫,然后按砌塊排列圖依次吊裝砌築。

②砌塊砌築時,應先遠后近,先下后上,先外后内;每層應從轉角處或定位砌塊處開始,内外墙同時砌築。應砌一皮,校正一皮,皮皮拉綫控制砌塊標高和墙面平整度。

③砌體水平灰縫不小于 10 mm,亦不應大于 20 mm;如因施工或砌塊材料等原因造成砌塊標高誤差,應在灰縫允許偏差範圍内逐皮調整。

④跨度 >6 m 的屋架和跨度 >4.2 m 的梁支承面下,應設混凝土或鋼筋混凝土墊塊;當墙體設有現澆圈梁時,墊塊與圈梁應澆築成整體。

⑤應按相應規範要求設置圈梁,如采用預制圈梁,應注意施工時坐漿墊平,不得干鋪,并保證有一定長度的現澆鋼筋混凝土接頭。基礎和屋蓋處圈梁宜現澆。

⑥預制鋼筋混凝土板的擱置長度,在砌塊砌體上不宜小于 10 cm,在鋼筋混凝土梁上不宜小于 8 cm,當擱置長度不滿足時,應采取錨固措施,一般情況下,可在與砌體或梁垂直的板縫内配置不小于 1φ16 的鋼筋,鋼筋兩端伸入板縫内的長度爲 1/4 板跨。

⑦木門窗預留洞口處,洞口兩側適當部位應砌築預埋有木磚的砌塊,或直接砌入木磚,以便固定門窗框。鋼門窗框的固定可在門窗洞側墙内鑿出孔穴,將固定門窗用的鐵脚塞入,并用 1:2 水泥砂漿埋設牢固。

⑧當板跨 >4 m 并與外墙平行時,樓蓋和屋蓋預制板緊靠外墙的側邊宜與墙體或圈梁拉接錨固。

10.3　大板建築

大板建築是裝配式建築中的一個重要類型。它由預制的外墙板、内墙板、樓板、樓梯和屋面板組成。與其他建築不同的是,垂直力和水平力都由板材承受,不設柱子和梁等構件,因此也稱無框架板材建築(圖 10.7)。

大板建築能充分發揮預制工廠和吊裝機械的作用,裝配化程度高,能提高勞動生產率。板材的承載能力高,可減少墙體厚度,既減輕了房屋自重,又增加了房間的使用面積。與磚混結構相比,可減輕自重 15%～20%,增加使用面積 5%～8%,但鋼材和水泥等材料用量較大。

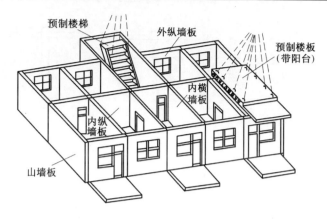

預制樓梯　　　　外縱墻板　　　　預制樓板（帶阳台）

內橫墻板

內縱墻板

山墻板

圖 10.7　裝配式大板建築示意圖

大板建築施工方法可分爲全裝配式和內澆外挂式兩種。內澆外挂式大板建築,外墙板和樓板都采用預制,内墙板用現澆鋼筋混凝土。本節只介紹全裝配式大板建築。

10.3.1　大板建築的主要構件

1.牆板

墙板按所在位置可分爲外墙板和内墙板;按受力情况可分爲承重和非承重兩種墙板;按構造形式又可分爲單一材料板和復合材料板;按使用材料有振動磚墙板、粉煤灰礦渣墙板和鋼筋混凝土墙板等。

（1）外墙板

外墙板是房屋的圍護構件,不論承重與否都要满足防水、保温、隔熱和隔聲的要求。無論是承重墙還是非承重墙,都要承擔風荷載、地震作用及其自重,因此都要满足一定的強度要求。

外墙板可根據具體情况采用單一材料,如礦渣混凝土、陶粒混凝土、加氣混凝土等;也可采用復合材料,如在鋼筋混凝土板間加入各種保温材料。

外墙板的劃分水平方向有一開間一塊,兩開間一塊和三開間一塊等方案;竪向一層一塊、兩層一塊或三層一塊等。其中一開間一塊和一層一塊應用較多,這時外墙板的寬度爲兩橫墙的中距減去垂直縫寬,高度爲層高減去水平縫寬。

（2）内墙板

内墙板是主要承重構件,應有足够的強度和剛度。同時内墙板也是分隔内部空間的構件,應具有一定的隔聲、防火和防潮能力。在橫墙承重方案中,縱墙板雖然爲非承重構件,但它與橫墙板共同組成一個空間體系,使房屋具有一定的縱向剛度,因此縱墙板常采用與橫墙板同一類型的墙板,使之具有相同的強度和剛度。

内墙板常采用單一材料的實心板,墙板材料可采用鋼筋混凝土墙板、粉煤灰礦渣墙板和振動磚墙板等。

（3）隔墙板

隔墙板主要用于建築物内部的房間分隔,不承重。主要是隔聲、防火、防潮及輕質等要求。目前多采用加氣混凝土條板、碳化石灰板和石膏板等。

2．樓板和屋面板

大板建築的樓板，主要采用橫墻承重(或雙向承重)布置，大部分設計成按房間大小的整間大樓板。類型有實心板、空心板，輕質材料填芯板等，屋面板常設計成帶挑檐的整塊大板。

10.3.2　大板建築的連接構造

大板建築主要是通過構件之間的牢固連接，形成整體。其主要做法如下：

橫墻作爲主要承重構件時，在縱橫墻交接處，一般將橫墻嵌入縱墻接縫內，以縱墻作爲橫墻的穩定支撐(圖10.8)。

上下樓層的水平接縫設置在樓板板面標高處，由于內墻支承樓板，外墻自承重，所以外墻要比內墻高出一個樓板厚度。通常把外墻板頂部做成高低口，上口與樓板板面平，下口與樓板底平，并將樓板伸入外墻板下口(圖10.9)。這種做法可使外墻板頂部焊接均在相同標高處，操作方便，容易保證焊接質量。同時又可使整間大樓板四邊均伸入墻內，提高了房屋的空間剛度，有利于抗震。

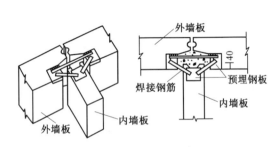

圖10.8　內外墻板上部連接

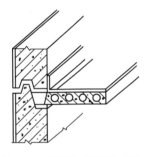

圖10.9　樓板與外墻板的連接

墻板構件之間，水平縫坐墊 M10 砂漿。垂直縫澆灌 C15～C20 混凝土，周邊再加設一些錨拉鋼筋和焊接鐵件連成整體。墻板上角用鋼筋焊接，把預埋件連接起來(圖10.8)，這樣，當墻板吊裝就位，上角焊接后，可使房屋在每個樓層頂部形成一道內外墻交圈的封閉圈梁。墻板下部加設錨拉鋼筋，通過垂直縫的現澆混凝土連成整體(圖10.10)。

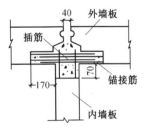

圖10.10　內外墻板下部錨接做法

內墻板十字接頭部位，頂面預埋鋼板用鋼筋焊接起來，中間和下部設置錨環和竪向插筋與墻板伸出的鋼筋綁扎或焊在一起，在陰角支模板，然后現澆 C20 混凝土連成整體(圖10.11和圖10.12)。

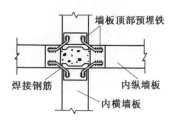

圖 10.11 內縱橫板頂部連接

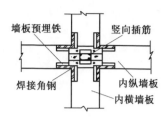

圖 10.12 內縱橫墻板下部連接

10.4 框架輕板建築

框架輕板建築是由柱、梁、板組成的框架承重結構,以各種輕質板材爲圍護結構的新型建築形式。其特點是承重結構與圍護結構分工明確,可以充分發揮不同性能材料的作用。從而使建築材料的用量和運輸量大大減少。并具有空間分隔靈活,濕作業少,不受季節限制,施工進度快等優點。整體性好是其另一特點,因此特別適用于要求有較大空間的建築,多層和高層建築和大型公共建築。

10.4.1 框架結構的類型

框架按所使用的材料可分爲鋼筋混凝土框架和鋼框架兩種。鋼筋混凝土框架的梁、板、柱均用鋼筋混凝土制作,具有堅固耐久、剛度大、防火性能好等優點,因此應用很廣。

鋼框架的特點是自重輕,適用于高層建築(一般在 20 層以上)。

框架按施工方法可分爲全現澆式、全裝配式和裝配整體式三種。裝配整體式框架是將預制梁、柱就位后通過局部現澆混凝土將預制構件連成整體的框架。其優點是保證了節點的剛性連接,整體性好,減少了裝配式框架的連接鐵件和焊接工作量。全現澆框架現場濕作業工作量大。

框架按構件組成可分爲以下三種:

1. 梁板柱框架

由梁、樓板和柱組成的框架。在這種結構中,梁與柱組成框架,樓板擱置在框架上,優點是柱網做的可以大些,適用範圍較廣,目前大量采用的主要是這類框架,見圖 10.13(a)。

2. 板柱框架

由樓板、柱組成的框架。樓板可以是梁板合一的肋形樓板,也可以是實心大樓板,見圖 10.13(b)。

3. 剪力牆框架

框架中增設剪力牆。剪力牆的作用是承擔大部分水平荷載,增加結構水平方向的剛度。框架基本上只承受垂直荷載,簡化了框架的節點構造。所以剪力牆結構在高層建築中應用較普遍,見圖 10.13(c)。

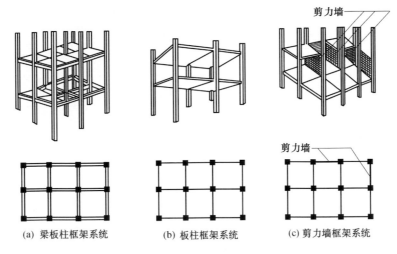

(a) 梁板柱框架系统　　　(b) 板柱框架系统　　　(c) 剪力墙框架系统

圖 10.13　框架結構類型

10.4.2　裝配式鋼筋混凝土框架構件的劃分

整個框架是由若干基本構件組合而成的,因此構件的劃分將直接影響結構的受力、接頭的多少和施工的難易等。構件的劃分應本着有利于構件的生產、運輸、安裝,有利于增強結構的剛度和簡化節點構造的原則來進行。通常有以下幾種劃分方式。

1.單梁單柱式

即按建築的開間、進深和層高劃分單個構件。這種劃分使構件的外形簡單,重量輕,便于生產、運輸和安裝,是目前采用較多的形式,其缺點是接頭多,且都在框架的節點部位,施工較復雜。如果吊裝設備允許,也可以做成直通兩層的柱子(圖 10.14)。

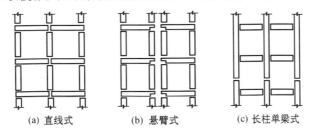

(a) 直线式　　　　(b) 悬臂式　　　　(c) 长柱单梁式

圖 10.14　單梁單柱式

2.框架式

把整個框架劃分成若干小的框架。小框架的形狀有 H 形、十字形等。其優點是擴大了構件的預制範圍,接頭數量減少,能增強整個框架的剛度。但構件制作、運輸、安裝都較復雜,只有在條件允許的情況下才能采用(圖 10.15)。

3.混合式

同時采用單梁單柱和框架兩種形式。可以根據結構布置的具體情況采用(圖10.16)。

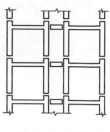
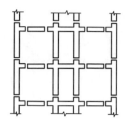

圖 10.15 框架式　　　　圖 10.16 混合式

10.4.3 裝配式構件的連接

1. 柱與柱的連接

(1)鋼柱帽焊接(圖 10.17)

在上、下柱的端部設置鋼柱帽,安裝時將柱帽焊接起來。鋼柱帽用角鋼做成,并焊接在柱內的鋼筋上。帽頭中央設一鋼墊板,以使壓力傳遞均勻。安裝時用鋼夾具將上下柱固定,使軸綫對準,焊接完畢后再拆去鋼夾具,并在節點四周包鋼絲網抹水泥砂漿保護。此法的優點是焊接后就可以承重,立即進行下一步安裝工序,但鋼材用量較多。

(2)榫式接頭(圖 10.18)

在柱的下端做一榫頭,安裝時榫頭落在下柱上端,對中后把上下柱伸出的鋼筋焊接起來,并綁扎箍筋,支模,在四周澆築混凝土。這種連接方法焊接量少,節省鋼材,節點剛度大,但對焊接要求較高,濕作業多,要有一定的養護時間。

上下柱的連接位置,一般設在樓面以上 400~600 mm 處,這樣柱的節點不會在安裝樓板后被遮蓋,便于與上層柱子安裝時臨時固定,方便施工。

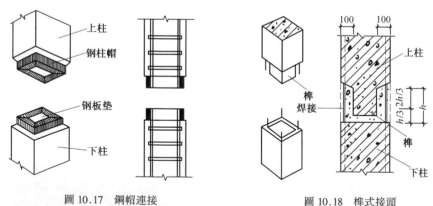

圖 10.17 鋼帽連接　　　　圖 10.18 榫式接頭

(3)漿錨接頭(圖 10.19)

在下柱頂端預留孔洞,安裝時將上柱下端伸出的鋼筋插入預留孔洞中,經定位、校正、臨時固定后,在預留孔內澆築快硬膨脹砂漿。錨固鋼筋采用螺紋鋼筋,錨固長度 $\geqslant 15d$ (d 爲鋼筋直徑)。此法不需要焊接,省鋼材,節點剛度大,但濕作業多,要有一定的養護時間,

3.梁與梁的連接

梁與梁的連接有兩種情況,一種是主梁與主梁的連接,一種是主梁與次梁的連接。

(1)主梁與主梁的連接

一般應在主梁變形曲綫的反彎點處連接,此處彎矩爲零,剪力也較小。連接方法是把梁内的預留鋼筋和鐵件互相焊接,然后二次澆灌混凝土。

(2)主梁與次梁的連接

主梁與次梁一般互相垂直,連接的簡單方法是在主梁上坐漿,放置次梁。爲減少結構高度,可將主梁斷面做成花籃形、十字形、T形和倒 T 形,在主梁的兩側凸緣上坐漿,搭置次梁。

4.框架與輕質牆板的連接

框架與輕質牆板的連接,主要是輕質牆板與柱或梁的接頭。輕質牆板有整間大板和條板。條板可以竪放也可以橫放(圖 10.22)。

整間大板可以和梁連接,也可以和柱連接。竪放條板只能和梁連接,橫放條板只能和柱連接。連接方式可以是預埋件焊接,也可以用螺栓連接(圖 10.23)。

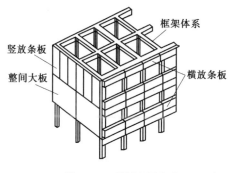

圖 10.22 輕板布置方式

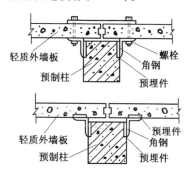

圖 10.23 外墙板和預制柱連接

復習思考題

1.建築工業化包含哪些内容? 實現建築工業化的途徑是什么?

2.砌塊建築在砌築時有哪些構造要求?

3.大板建築由哪些構件組成? 有何缺點?

4.框架輕板建築按構件組成分有幾種類型?

5.框架輕板建築柱與柱的連接有幾種方法? 各有何優缺點?

第11章 工業建築概述

11.1 工業建築的分類與特點

工業建築是指爲各類工業生產使用而建造的建築物和構築物。工業建築既要爲生產服務,也要爲從事生產的廣大勞動者服務。工業建築應滿足堅固適用、經濟合理和技術先進的建設方針。

11.1.1 工業建築的分類

1.按廠房層數分

(1)單層工業廠房

單層工業廠房是指層數僅爲一層的工業廠房,它主要用于重工業類的生產車間,如冶金類的鋼鐵廠、冶煉廠,機械類的汽車廠、拖拉機廠、電機廠、機械制造廠,建築材料工業類的水泥廠、建築制品廠等。這類廠房的特點是設備體積大、重量重、車間內以水平運輸爲主。生產過程中的聯系靠廠房中的起重運輸設備和各種車輛進行。

(2)多層工業廠房

多層工業廠房是指層數在二層及以上的廠房,常用的層數爲 2~6 層。它主要用于輕工業類的生產車間,如電子類的電子元件、電視儀表,印刷行業中的印刷廠、裝訂廠,食品行業中的食品加工廠,輕工類的皮革廠、服裝廠等。這類廠房的設備輕、體積小,工廠的大型機床一般安裝在底層,小型設備一般安裝在樓層。車間運輸分垂直和水平兩大部分。垂直運輸靠電梯,水平運輸則通過小型運輸工具,如電瓶車等。

(3)層次混合工業廠房

層次混合工業廠房是指單層與多層混合在一起的廠房。它主要用于化工類的生產車間。

2.按廠房跨度的數量和方向分

(1)單跨工業廠房

單跨工業廠房是指只有一個跨度的廠房。

(2)多跨工業廠房

多跨工業廠房是指由兩個或兩個以上跨度組合而成的廠房,車間內部彼此相通。

(3)縱橫相交工業廠房

縱橫相交工業廠房是指由兩個方向的跨度組合而成的廠房,車間內部彼此相通。

3.按廠房跨度尺寸分

(1)小跨度工業廠房

小跨度工業廠房是指跨度小于或等于 12 m 的單層工業廠房。這類廠房的結構類型以砌體結構爲主。

(2)大跨度工業廠房

大跨度工業廠房是指跨度從 15～36 m 的單層工業廠房,其中跨度 15～30 m 的廠房以鋼筋混凝土結構爲主,跨度在 36 m 以上時,一般以鋼結構爲主。

4.按廠房內部生產狀況分

(1)冷加工車間

冷加工車間是指在常溫狀態下,加工非燃燒物質和材料的生產車間,如機械制造類的金工車間、修理車間等。

(2)熱加工車間

熱加工車間是指在高溫和熔化狀態下,加工非燃燒的物質和材料的生產車間,如機械制造類中的鑄工、鍛壓、熱處理車間等。

(3)恒濕恒溫車間

恒濕恒溫車間是指車間內要求有恒濕恒溫條件,以滿足生產的要求,如紡織車間、精密儀器車間等。

(4)潔凈車間

潔凈車間是指在生產過程中,産品對室內空氣的潔凈度要求很高,除經過凈化處理,廠房圍護結構應保證嚴密,以免大氣灰塵的侵入。如集成電路車間、精密儀器的微型零件加工車間等。

11.1.2　有關單層工業廠房的專業術語

1.跨度

指單層工業廠房中兩條縱向軸綫之間的距離。《廠房建築模數協調標準》(GBJ 6—86)中規定,工業廠房的跨度在 18 m 及 18 m 以下時取 3 m 的倍數;18 m 以上時取 6 m 的倍數。如果工藝要求必須采用 21 m、27 m、33 m 時,也可采用。

2.柱距

指單層工業廠房中兩條橫向軸綫之間的距離。《標準》中規定,柱距一般爲 6 m 或 6 m 的倍數。

3.廠房高度

指單層工業廠房中的柱頂高度和牛腿面高度。一般均爲 300 mm 的倍數。

4.柱網

指單層工業廠房中縱向軸綫與橫向軸綫共同決定的軸綫網;其交點處設置承重柱。這種平面稱爲柱網平面(圖 11.1)。

11.1.3　工業建築的特點

工業建築與民用建築相比,在設計原則、建築用料和建築技術等方面,有許多共同之點,但在設計配合、使用要求方面,工業建築又有如下特點:

①廠房要滿足生產工藝的要求。根據生產工藝的特點,廠房的平面面積及柱網的尺

寸較大,可設計成多跨連片的廠房。

②廠房内一般都有較笨重的機器和起重運輸設備,要求有較大的敞通空間。廠房結構要能承受較大的靜、動荷載。

③廠房在生產過程中會散發大量的余熱、烟塵、有害氣體,并且噪音較大,故要求有良好的通風和采光。

④廠房屋面面積較大,并常爲多跨連片屋面,因此,常在屋蓋部分開設天窗,并使屋面防水、排水等構造處理較復雜。

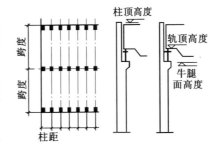

圖 11.1　常用技術名詞圖解

⑤廠房生產過程中常有大量的原料、加工零件、半成品、成品等需搬進運出,因此,在設計時應考慮汽車、火車等運輸工具的運行問題。

11.2　單層工業廠房的結構組成

11.2.1　單層工業廠房的荷載

單層工業廠房中的荷載有靜荷載和動荷載兩大類。靜荷載主要有建築物的自重和吊車的自重等;動荷載主要有吊車運行時的啓動和刹車力,此外還有地震荷載、風荷載、雪荷載和積灰荷載等。根據荷載的傳遞路綫單層工業廠房中的荷載又可分爲:豎向荷載、橫向水平荷載、縱向水平荷載三部分。

11.2.2　單層工業廠房的結構組成

單層工業廠房主要由以下結構組成(圖 11.2):

1.屋蓋結構

包括有屋面板、屋架(或屋面梁)、天窗架及托架等。

(1)屋面板

屋面板是鋪在屋架(或屋面梁)上,直接承受屋面荷載,并傳給屋架(或屋面梁)。

(2)屋架(屋面梁)

屋架(屋面梁)是屋蓋結構部分的主要承重構件。屋面板及天窗上的荷載都是由屋架(屋面梁)承受。屋架(屋面梁)一般支承在柱上。

2.吊車梁

吊車梁支承在柱子牛腿上,承受吊車自重、吊車最大起重量以及吊車刹車時產生的冲切力,并將這些荷載傳給柱子。

3.柱子

柱子是單層工業廠房的主要承重構件,承受屋架(或屋面梁)、吊車梁、支撐以及墙體上的荷載,并傳給基礎。

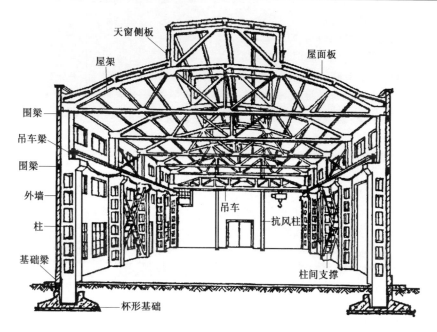

圖 11.2　單層廠房骨架結構組成

4.基礎

承受柱和基礎梁傳來的荷載,并傳給地基。單層工業廠房柱下基礎一般爲獨立基礎。

5.圍護結構

包括有單層工業廠房四周的外墙、抗風柱、連系梁和基礎梁等。

6.支撑

包括有柱間支撑和屋蓋支撑。支撑的作用是加强單層工業廠房結構的空間剛度和整體穩定性,并傳遞風荷載以及吊車水平荷載。

11.3　廠房內部起重運輸設備

起重吊車是單層工業廠房中使用最廣泛的起重運輸設備,它包括單軌懸挂吊車、梁式吊車和橋式吊車等。

11.3.1　單軌懸挂吊車

由電動葫蘆和工字鋼軌道兩部分組成。工字鋼軌可以懸挂在屋架(或屋面梁)下皮,起重量一般在 3 t 以下(圖 11.3)。

11.3.2　梁式吊車

由梁架和電動葫蘆組成。梁架可以懸挂在屋架(或屋面梁)下皮或支承在吊車梁上。運送物品時,梁架沿廠房縱向移動,電動葫蘆沿廠房橫向移動,起重量一般不超過 5 t

（圖 11.4）。

圖 11.3　單軌懸挂式吊車　　　　　　　圖 11.4　梁式吊車

11.3.3　橋式吊車

由橋架和起重小車組成。橋架支承在吊車梁上。運送物品時，橋架沿廠房縱向運行，起重小車沿廠房橫向運行。橋式吊車的起重量爲 5～350 t，適用于 12～36 m 跨度的廠房（圖 11.5）。

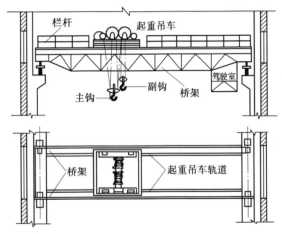

圖 11.5　橋式吊車

橋式吊車按工作的重要性及繁忙程度分爲輕級、中級、重級工作制，用 Jc 來代表。Jc 表示吊車的開動時間占全部生產時間的比率。輕級工作制 Jc = 15％；中級工作制 Jc = 25％，主要用于機械加工和裝配車間等；重級工作制 Jc = 40％，主要用于冶金車間和工作繁忙的其他車間。工作制對結構强度影響較大。橋式吊車的支撐輪子，沿吊車梁上的軌道縱向往返運行，起重小車則在橋架上往返運行。它們在啓動和刹車時都產生較大的冲切力，因而在選用支承橋式吊車的吊車梁時必須考慮這些影響。

11.4　單層工業廠房的定位軸綫

爲了提高廠房建築的裝配化程度，提高設計標準化、構件工廠化和施工機械化的水平，國家建委于 1974 年頒布了《廠房建築統一化基本規則》TJ 6—74，1986 年國家計委對上述規則進行了修訂,重新頒布了《廠房建築模數協調標準》GBJ 6—86;作爲單層廠房和多層廠房的設計依據。本節僅簡單介紹單層工業廠房的有關內容。

11.4.1 尺寸規定

1.跨度

廠房的跨度在 18 m 及 18 m 以下時,取 30 M 數列;18 m 以上時,取 60 M 數列。常用的跨度有 9 m、12 m、15 m、18 m、24 m、30 m、36 m。若工藝有特殊要求時,亦可采用 21 m、27 m、33 m 的跨度。

2.柱距

一般取 60 M 數列(圖 11.6)。

3.廠房高度

無論廠房是否有吊車,室內地面至柱頂的高度均取 3 M 數列。

有吊車的廠房,室內地面至柱牛腿面的高度取 3 M 數列(圖 11.7)。

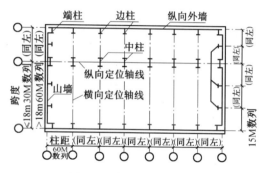

圖 11.6　廠房的柱距與跨度

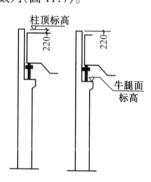

圖 11.7　廠房的高度表示

11.4.2 廠房定位軸綫的確定

定位軸綫是確定廠房主要承重構件相互關系及其標志尺寸的基礎。正確確定定位軸綫對控制各種構件的準確位置,爲施工放綫、設備安裝提供準確的依據。

單層工業廠房的定位軸綫有橫向和縱向定位軸綫兩種。與廠房寬度方向平行的軸綫爲橫向定位軸綫;與廠房長度方向平行的軸綫爲縱向定位軸綫。

1.橫向定位軸綫的設置

橫向定位軸綫,除伸縮縫處的柱子和端柱外,均通過柱截面的幾何中心。橫向定位軸綫間的距離即是屋面板、吊車梁等一些構件的標志長度。

在伸縮縫處,左柱與右柱的中心綫均規定與橫向定位軸綫的距離爲 600 mm。伸縮縫的中心綫與橫向定位軸綫相重合。

在山墻處,橫向定位軸綫與山墻的內緣重合。端柱的中心綫應自橫向定位軸綫內移 600 mm。

2.縱向定位軸綫的設置

(1)封閉結合的做法

外縱牆處的縱向定位軸綫應通過邊柱外緣、屋架外緣、屋面板的外緣和外牆的內緣，這時屋架用屋面板封頂，使牆、柱、屋架等緊密結合成完整而簡單的構造做法。這種做法習慣稱爲"封閉結合"。一般適用于吊車起重量不大于 30 t 的廠房中。

中柱的縱向定位軸綫通過柱截面的幾何中心。

高低跨柱處的縱向定位軸綫應通過高跨柱子封牆的里皮，即封牆處柱子的外皮。

(2)非封閉結合的做法

非封閉結合的做法適用于吊車起重量大于 30 t 的廠房中。在構造做法上，由于邊柱和外牆外移，屋面板、屋架端頭和女兒牆之間出現了空隙，這時必須用非標準構件來填充這段空隙。這種采用標準構件不能封閉上部屋面節點的做法叫"非封閉結合"。空隙常用 300 mm 或其倍數。

3.定位軸綫的應用

(1)吊車梁中心綫與縱向定位軸綫

吊車在廠房內運行，故其跨度應小于廠房跨度。

當吊車起重量 $Q = 1 \sim 5$ t 時，$L - L_k = 1.0$ m；

當吊車起重量 $Q = 5 \sim 50$ t 時，$L - L_k = 1.5$ m；

當吊車起重量 Q 在 50 t 以上時，$L - L_k = 2.0$ m；

廠房的定位軸綫至兩側吊車梁的中心綫應分別保持 500 mm、750 mm。1 000 mm 的相等距離。

(2)高低跨柱定位軸綫

若不等高跨間設縱向伸縮縫時，應設置雙柱。高跨處封牆附于高跨柱上柱牛腿上，這時高跨依外縱牆的定位軸綫進行處理，即封閉結合的處理方法。低跨部分則另沿低跨柱外緣設一軸綫，這樣兩個定位軸綫之間應加入一段尺寸，這個尺寸叫"插入距"(圖 11.8)。

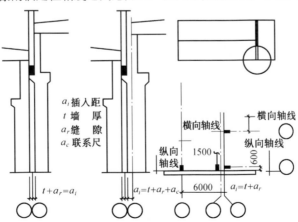

圖 11.8　廠房的插入距

a_i—插入距；t—牆厚；a_r—縫隙；a_c—聯系尺

高低跨處亦可采用單柱處理。其縱向伸縮縫一般采用滾動支座。滾動支座又稱"滾軸支座"。它的上端通過鋼板與屋架(屋面梁)進行焊接，下端通過鋼板與柱頭預埋鐵件焊牢。其間滾軸可以在允許的範圍內滾動,起着伸縮變形的作用。

高低跨不設伸縮縫時,做法同前述。

4.縱橫跨相交處的定位軸綫

縱橫跨相交處的定位軸綫,可以看作兩個分別爲縱向跨間的端柱與橫向跨間的邊柱。縱跨部分屬于橫向定位軸綫,橫跨部分屬于縱向定位軸綫,軸綫間應設插入距。插入距的寬度爲墙厚加縫隙(用于封閉結合時)或墙厚加縫隙,再加聯系尺寸(用于非封閉結合時)。

圖 11.9、圖 11.10 爲一具有縱橫跨、低高跨的單層工業廠房,其節點爲一般常見節點,具體做法如圖示。

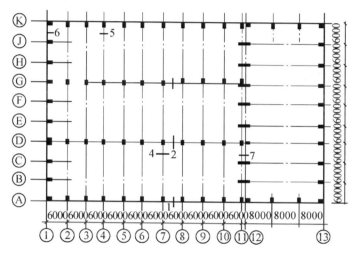

圖 11.9

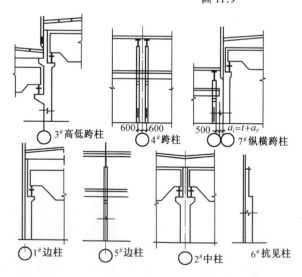

圖 11.10　廠房節點圖

11.5 單層工業廠房主要結構構件

11.5.1 柱

柱是單層工業廠房的主要承重構件,它承受垂直荷載和水平荷載,并與外墙相連接,因此在選型上十分重要。

單層工業廠房中的柱,大部分采用鋼筋混凝土柱;而對跨度大。振動多的廠房,一般采用鋼柱;跨度小,起重量輕的廠房,一般采用磚柱。

單層工業廠房中的柱從位置上區分,有邊列柱、中列柱、高低跨柱和抗風柱(圖11.11)。

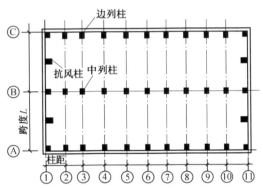

圖 11.11 柱子的位置

磚柱的截面類型一般爲矩形。鋼柱的截面類型一般采用格構形。鋼筋混凝土柱的截面類型有矩形、工字形、空心管柱和雙肢柱。

11.5.2 基礎與基礎梁

單層工業廠房的基礎一般采用杯口基礎,做成錐形或階梯形(圖11.12)。

單層工業廠房外墙通常砌築在基礎梁上,基礎梁兩端支承在杯口基礎頂面。當基礎埋深較深時,可將基礎梁放在基礎頂面加的墊塊或柱的小牛腿上,以減少墙身的用磚量(圖11.13)。

寒冷地區,基礎梁下部應采取防止凍脹的措施。一般做法是把梁下凍土挖除,換以干砂,礦渣或松散土,以防止基礎梁受凍土擠壓而開裂(圖11.14)。

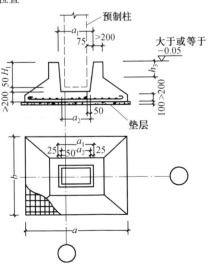

圖 11.12 杯形基礎

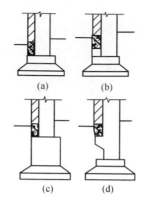

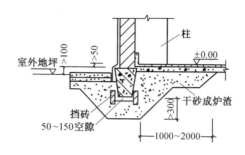

圖 11.13　基礎梁的放置　　　　　圖 11.14　基礎梁防凍措施

11.5.3　屋面梁

屋面梁又稱薄腹梁,其斷面呈 T 形和工字形,有單坡和雙坡之分。

單坡屋面梁適用于 6 m、9 m、12 m 的跨度,雙坡屋面梁適用于 9 m、12 m、15 m、18 m 的跨度。

屋面梁的坡度比較平緩,一般統一定爲 1/10～1/12,適用于卷材屋面和非卷材屋面。屋面梁可以懸挂 5 t 以下的電動葫蘆和梁式吊車。屋面梁的特點是形狀簡單,制作安裝方便,穩定性好,可以不加支撑,但自重較大。

11.5.4　屋架

屋架的類型很多,這里介紹幾種常用的鋼筋混凝土屋架。

1.預應力混凝土折綫形屋架

折綫形屋架的上弦杆件是由若干段折綫形杆件組成,坡度分別爲 1/5 和 1/15。屋架跨度爲 18 m、21 m、24 m、27 m、30 m。

2.鋼筋混凝土梯形屋架

梯形屋架的上弦杆件坡度一致,坡度常采用 1/10～1/12,屋架跨度爲 18 m、21 m、24 m、30 m。

3.三角形組合式屋架

屋架的上弦采用鋼筋混凝土杆件,下弦采用型鋼或鋼筋。上弦坡度爲 1/3.5～1/5,適用于有檩屋面體系,其跨度爲 9 m、12 m、15 m。在小型工業廠房中均可采用這種屋架。

4.兩鉸拱和三鉸拱屋架

兩鉸拱屋架的支座節點爲鉸接,頂部節點爲剛接。三鉸拱屋架的支座節點和頂部節點均爲鉸接。屋架上弦采用鋼筋混凝土或預應力鋼筋混凝土杆件,下弦采用角鋼或鋼筋。上弦坡度爲 1/4,這種屋架不適合于振動大的廠房。其跨度爲 12 m、15 m。

11.5.5 屋面板

單層工業廠房的屋面板類型很多,常用的有以下幾種:

1.預應力混凝土大型屋面板

廣泛采用的一種屋面板,它的標志尺寸爲 1.5 m×6.0 m,適用于屋架間距 6 m 的一般工業廠房。與大型屋面板配合使用的還有一種檐口板,主要用于單層工業廠房的外檐處。檐口板的標志尺寸也是 1.5 m×6.0 m,板的一側有挑出尺寸爲 300 mm 和 500 mm 的挑檐。

2.預應力混凝土 F 形屋面板

F 形板包括 F 形板、脊瓦、蓋瓦三部分,常用坡度爲 1/4。屬于構件自防水屋面。

3.預應力混凝土單肋板

屬于構件自防水屋面,其做法與 F 形屋面板相似。

4.鋼絲網水泥單槽板

屬于搭蓋式自防水屋面,適用于 1/3 ~ 1/5 坡度的有檁屋面。

5.預應力混凝土 V 形折板

是一種輕型屋蓋,屬于板架合一體系。

11.5.6 托架

因工藝要求或設備安裝的需要,柱距須 12 m,而屋架(屋面梁)的間距和大型屋面板長度仍爲 6 m 時,應加設托架,通過托架將屋架上的荷載傳給柱子。

11.5.7 吊車梁

當單層工業廠房設有橋式吊車(梁式吊車)時,需要在柱牛腿處設置吊車梁。吊車梁直接承受吊車的自重和起吊物件的重量,以及刹車時產生的水平荷載。吊車梁由于安裝在兩柱之間,同時起到傳遞縱向荷載,保證廠房縱向剛度和穩定的作用。吊車梁的種類有:

1.T 形吊車梁

T 形吊車梁的上部翼緣較寬,擴大了梁的受壓面積,安裝軌道也方便。適用于 6 m 柱距,5 ~ 75 t 的重級工作制,3 ~ 30 t 的中級工作制,2 ~ 20 t 的輕級工作制。T 形吊車梁的自重輕、省材料、施工方便。

2.工字形吊車梁

工字形吊車梁爲預應力鋼筋混凝土構件,適用于 6 m 柱距,12 ~ 30 m 跨度的廠房,起重量爲 5 ~ 75 t 的重級、中級、輕級工作制。

3.魚腹式吊車梁

魚腹式吊車梁受力合理,腹板較薄,節省材料,能較好地發揮材料的強度。適用于柱距爲 6 m、跨度爲 12 ~ 30 m 的廠房,起重量可達 100 t。

11.5.8 連系梁與圈梁

1.連系梁

連系梁是廠房縱向柱列的水平連系構件,常做在窗口上皮,并代替窗過梁。連系梁可增強廠房縱向剛度,傳遞風荷載。當墻體高度超過 15 m 時,則應設置連系梁,以承受上部墻體重量。

連系梁與柱的連接,可以采用焊接或螺栓連接(圖 11.15)。

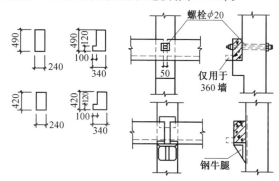

圖 11.15　連系梁

2.圈梁

圈梁的作用是將墻體同廠房的排架柱、抗風柱連在一起,以加強廠房的整體剛度和穩定性。圈梁應按照上密下疏的原則每 5 m 左右設一道。其截面高度應不小于 180 mm,主筋爲 4φ12,箍筋爲 φ6～250。圈梁應與柱子伸出的預埋筋進行連接。

11.5.9 支撐系統

單層工業廠房的支撐系統包括屋蓋支撐和柱間支撐兩大部分。

1.屋蓋支撐

屋蓋支撐主要是爲了保證上下弦杆件在受力后的穩定,并傳遞風荷載。

(1)水平支撐

水平支撐布置在屋架上弦或下弦之間,沿柱距橫向或跨度縱向布置。水平支撐有上弦橫向水平支撐、下弦橫向水平支撐、縱向水平支撐、縱向水平系杆等(圖 11.16)。

(2)垂直支撐

垂直支撐主要是保證屋架(屋面梁)在使用和安裝階段的側向穩定,并能提高廠房的整體剛度(圖 11.17)。

2.柱間支撐

柱間支撐一般設在廠房變形縫的區段中部,其作用是承受山墻抗風柱傳來的水平荷載及傳遞吊車的縱向刹車力,并加強縱向柱列的剛度和穩定性,是廠房必須設置的支撐系統(圖 11.18)。

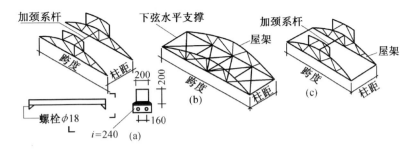

圖 11.16　水平支撐

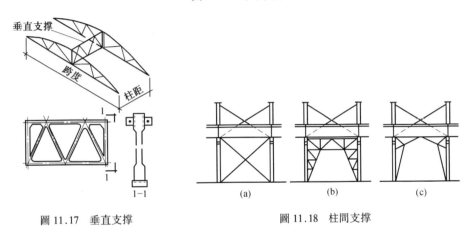

圖 11.17　垂直支撐　　　　　圖 11.18　柱間支撐

11.5.10　抗風柱

抗風柱承受山牆上的風荷載。一部分風荷載由抗風柱上端通過屋蓋系統傳到縱向柱列上去,一部分由抗風柱直接傳給基礎。廠房高度或跨度較大時,一般都設置鋼筋混凝土抗風柱。爲了減少抗風柱的截面尺寸,可在山牆內側設置水平抗風梁,作爲抗風柱的支點。

抗風柱的間距,在不影響山牆開門的情況下,取 4.5 m 或 6 m。抗風柱上端應通過特制的彈簧板與屋架(屋面梁)作構造連接(圖 11.19)。

11.6　天　　窗

在大跨度和多跨的單層工業廠房中,爲了滿足天然采光和自然通風的要求,常在廠房的屋頂設置各種類型的天窗。

天窗的類型很多,一般根據其在屋頂的位置分爲:上凸式天窗,常見的有矩形天窗、三角形天窗和 M 形天窗等;下沉式天窗,常見的有橫向下沉式、縱向下沉式和井式天窗等;平天窗,常見的有采光罩和采光屋面板等(圖 11.20)。

一般天窗都具有采光和通風雙重作用。但采光兼通風的天窗,一般很難保證排氣的

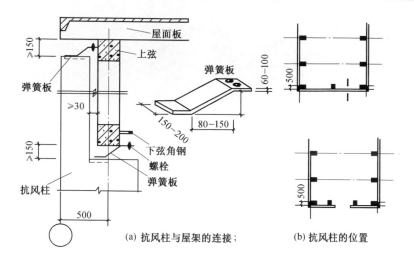

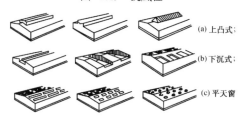

圖 11.19　抗風柱

圖 11.20　天窗的類型

效果,故這種做法只用于冷加工車間;而通風天窗排氣穩定,故只應用于熱加工車間。

11.6.1　上凸式天窗

上凸式天窗是我國單層工業廠房中應用最多的一種。它沿廠房縱向布置,采光、通風效果均較好。下面以矩形天窗爲例,介紹上凸式天窗的構造。

矩形天窗由天窗架、天窗屋面、天窗端壁、天窗側板和天窗扇等組成(圖 11.21)。

1.天窗架

大窗架是天窗的承重結構,直接支承在屋架上。天窗架的材料一般與屋架(屋面梁)的材料一致。天窗架的寬度約占屋架(屋面梁)跨度的 1/2 ~ 1/3,同時也要照顧屋面板的尺寸。天窗扇的高度爲天窗架寬度的 0.3 ~ 0.5 倍。

矩形天窗的天窗架通常用 2 ~ 3 個三角形支架拼裝而成(圖 11.22)。

2.天窗端壁

天窗端壁又叫天窗山墙,它不僅使天窗盡端封閉起來,同時也支承天窗上部的屋面

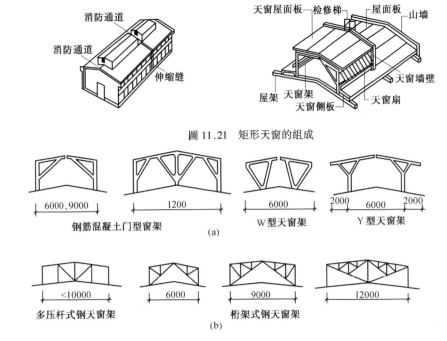

圖 11.21　矩形天窗的組成

圖 11.22　矩形天窗的天窗架

板。

天窗端壁是由預制的鋼筋混凝土肋形板組成,當天窗寬度爲 6 m 時,用兩個端壁板拼接而成;寬度爲 9 m 時,用三個端壁板拼接而成(圖 11.23)。

3.天窗側板

天窗側板是天窗扇下的圍護結構,相當于側窗的窗臺部分,其作用是防止雨水濺入室内。

天窗側板一般用鋼筋混凝土槽形板或平板制作,其高度由天窗架的尺寸確定,一般爲 400～600 mm,但應注意高出屋面爲 300 mm,板長爲 6 m(圖 11.24)。

4.天窗窗扇

天窗窗扇可以采用鋼窗扇或木窗扇。鋼窗扇一般爲上懸式;木窗扇一般爲中懸式(圖 11.25)。

5.天窗屋面

天窗屋面與廠房屋面相同,檐口部分采用無組織排水,把雨水直接排在廠房屋面上。檐口挑出尺寸爲 300～500 mm。

11.6.2　下沉式天窗

下面以天井式天窗爲例,介紹下沉式天窗的構造。

1.布置方法

天井式天窗布置比較靈活,可以沿屋面的一側、兩側或居中布置。熱加工車間可以采

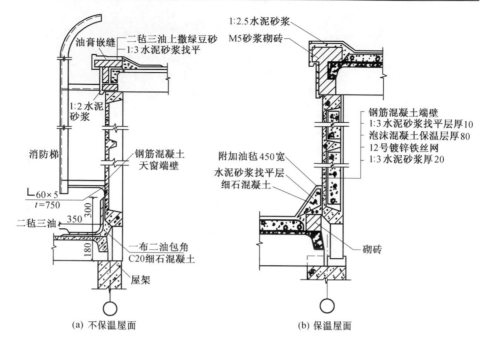

油膏嵌缝
二毡三油上撒绿豆砂
1:3 水泥砂浆找平
1:2 水泥砂浆
消防梯
钢筋混凝土天窗端壁
L 60×5 t=750
300
350
180
二毡三油
一布二油包角 C20 细石混凝土
屋架

1:2.5 水泥砂浆
M5 砂浆砌砖
钢筋混凝土端壁
1:3 水泥砂浆找平层厚10
泡沫混凝土保温层厚80
12号镀锌铁丝网
1:3 水泥砂浆厚20
附加油毡450宽
水泥砂浆找平层
细石混凝土
砌砖

(a) 不保温屋面　　　　　(b) 保温屋面

圖 11.23　天窗端壁

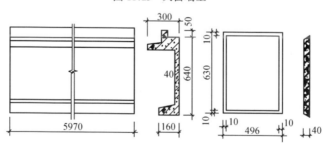

300
50
40
640
630
10
10
10
5970
160
10
496
10
40

圖 11.24　天窗側板

用兩側布置,這種做法容易解決排水問題。在冷加工車間對上述幾種布置方式均可采用(圖 11.26)。

2.井底板的鋪設

天井式天窗的井底板位于屋架上弦,擱置方法有橫向鋪放與縱向鋪放兩種,橫向鋪放是井底板平行于屋架擺放,鋪板前應先在屋架下弦上擱置檩條,并應有一定的排水坡度。若采用標準屋面板時,其最大長度爲 6 m。縱向鋪板是把井底板直接放在屋架下弦上,可省去檩條,增加天窗垂直口净空高度。但屋面有時受到屋架下弦節點的影響,故采用非標準板較好(圖 11.27)。

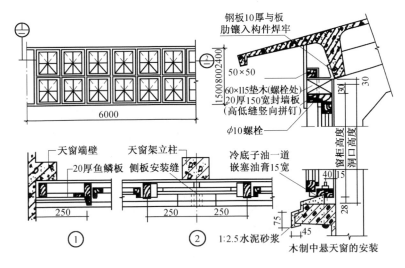

圖 11.25　中懸式木窗扇

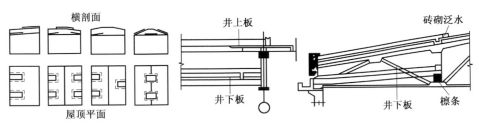

圖 11.26　井式天窗的布置　　　　圖 11.27　下沉式天窗鋪板

3.擋雨措施

井式天窗通風口常不設窗扇,做成開敞式。爲防止屋面雨水落入天窗內,敞開的口部應設挑檐。并設擋雨板,以防雨水飄落室內。

井上口挑檐,由相鄰屋面直接挑出懸臂板,挑檐板的長度不宜過大。井上口應設擋雨片,在井上口先鋪設空格板,擋雨片固定在空格板上。擋雨片的角度采用 30°～60°,材料可用石棉瓦、鋼絲網水泥板、鋼板等(圖 11.28)。

4.窗扇

窗扇可以設在井口處或垂直口外,垂直口一般設在廠房的垂直方向,可以安裝上懸或中懸窗扇,但窗扇的形式不是矩形,而應隨屋架的坡度而變,一般呈平行四邊形。井上口窗扇的做法:可以在井口做導軌,在平窗扇下面安裝滑輪,窗扇沿導軌而移動;另一種做法是在口上設中懸窗扇,窗扇支承在上口空格板上,可根據需要而調整窗扇角度(圖11.29)。

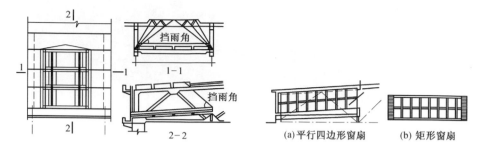

圖 11.28　擋雨片　　　　　　　　　　圖 11.29　窗扇做法

5.排水設施

　　天井式天窗有上下兩層屋面,排水比較復雜。其具體做法可以采用無組織排水(在邊跨時)、上層通長天溝排水。下層通長天溝排水和雙層天溝排水等(圖 11.30)。

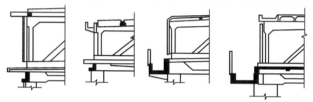

圖 11.30　下沉式天窗的排水設施

11.6.3　平天窗

　　平天窗是與屋面基本相平的一種天窗。平天窗有采光屋面板、采光罩、采光帶等做法。下面介紹一種采光屋面板的構造實例。

　　采光屋面板的長度爲 6 m,寬度爲 1.5 mm,它可以取代一塊屋面板,采光屋面板應比屋面稍高,常做成 450 mm,上面用 5 mm 的玻璃,固定在支承角鋼上,下面鋪有鉛絲網作爲保護措施,以防玻璃破碎墮落傷人。在支承角鋼的接縫處應該用鐵皮泛水遮擋(圖11.31)。

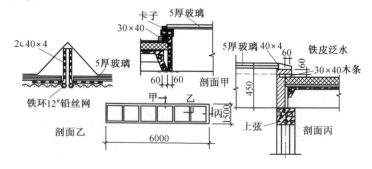

圖 11.31　采光屋面板

11.7 地面及其他構造

11.7.1 地面

廠房地面應能滿足生產使用要求。廠房内工段多,生產要求不同,使得廠房的地面構造復雜化。此外,廠房地面面積大,荷載大,材料用量多。故應正確選擇地面材料及其構造形式。

1.地面的組成

地面一般由面層、墊層和基層組成。爲滿足使用或構造要求時,可增設如結合層、找平層、隔離層等構造層(圖 11.32)。

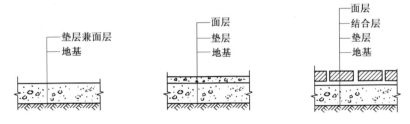

圖 11.32 地面組成

(1)面層

地面面層是直接承受各種物理和化學作用的表面層。面層有整體式(包括單層整體式和多層整體式)和板、塊材兩類。面層應根據生產特征、使用要求和技術經濟條件來選擇。

地面面層分隔應符合下列條件:

①細石混凝土面層的分隔縫,應與墊層的伸縮變形縫對齊。但設有隔離層的水玻璃混凝土、耐碱混凝土面層的分隔縫可不對齊;

②水磨石、水泥砂漿等面層的分隔縫,除應與墊層的伸縮變形縫對齊外,尚可根據具體設計要求縮小間距,但涂刷防腐蝕涂料的水泥砂漿面層不宜設縫;

③瀝青類材料和塊材面層可不設縫。

(2)墊層

墊層是承受并傳遞地面荷載至基層的構造層。按材料性質和構造不同,可分爲剛性墊層、半剛性墊層和柔性墊層。

①剛性墊層是指用混凝土、瀝青混凝土和鋼筋混凝土等材料做成的墊層。它整體性好,強度大,不透水。適用於直接安裝中小型設備,受較大集中荷載且要求變形小的地面,以及有大量水、中性溶液作用或面層構造要求爲剛性墊層的地面。

②半剛性墊層是指灰土、三合土、四合土等材料做成的墊層。它受力後有一定的塑性變形,它可用工業廢料和建築廢料制作,造價較剛性墊層低。

③柔性墊層是用砂、碎(卵)石、礦渣、碎煤渣、瀝青碎石等材料做成的墊層。它受力后

可産生塑性變形。可用于有集中荷載或冲擊荷載,有較大振動的地面,它發生局部沉陷或破壞后,易修復也易更换。其材料來源廣,造價低,施工較方便。故對無特殊要求的廠房應優先選用。

　　墊層材料的選擇還應與面層用材相適應。現澆整體面層和以膠泥或砂漿結合的板、塊材面層,宜用混凝土墊層;以砂、爐渣結合的塊材面層,宜用碎石、礦渣、灰土或三合土墊層。

　　墊層的厚度,主要以作用在地面上的荷載情况來確定,其所需厚度應按有關規定計算確定。

　　混凝土墊層應設接縫,接縫有伸縫和縮縫兩種。廠房内只設縮縫,縮縫有縱向和橫向之分,平行于施工方向的縫稱縱向縮縫,垂直于施工方向的縫稱橫向縮縫。縱向縮縫間距3~6 m,橫向縮縫間距6~12 m。縱向縮縫一般用平頭縫;當混凝土墊層厚大于150 mm時宜爲企口縫。橫向縮縫采用假縫形式,用以引導墊層的收縮裂縫集中于該處(圖11.33)。

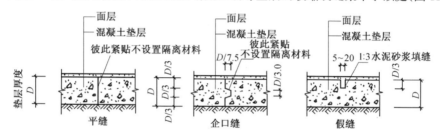

圖11.33　混凝土墊層接縫

(3)基層

　　基層是承受上部荷載的土壤層,是經過處理后的地基土層。最常見的是素土夯實。地基處理質量直接影響地面的承載力。地基上不得用濕土、淤泥、腐殖土、凍土以及有機物含量大于8%的土作填料。若地基土松軟,可加入碎石、碎磚等夯實,以提高强度。

(4)結合層、隔離層和找平層

　　①結合層是連接塊材面層、板材或卷材與墊層的中間層,主要起上下結合作用。用材應根據面層和墊層的條件來選擇,水泥砂漿或瀝青砂漿結合層適用于有防水、防潮要求或要求穩固無變形的地面;當地面需防酸碱時,結合層應采用耐酸砂漿或樹脂膠泥等。此外,對板、塊材之間的拼縫應填以與結合層相同的材料,有冲擊荷載或高温作用的地面常用砂作結合層。

　　②隔離層起防止地面腐蝕性液體由上往下或地下水由下向上滲透擴散的作用。隔離層可采用再生油氈(一氈二油)或石油瀝青油氈(兩氈三油)來防滲。地面處于地下水位毛細管作用上升範圍内,而生産上又需要有較高防潮要求時,則在墊層下鋪設一層30 mm厚瀝青混凝土或灌瀝青碎石厚40 mm作隔離層(圖11.34)。

　　③找平層起找平或找坡作用。當面層較薄而要求其平整或有坡度時,則需在墊層上設找平層。在剛性墊層上用1:2或1:3水泥砂漿厚20 mm作找平;在柔性墊層上,找平層宜用厚度不小于30 mm的細石混凝土制作。找坡層常用1:1:8水泥石灰爐渣做成,最低處厚30 mm。

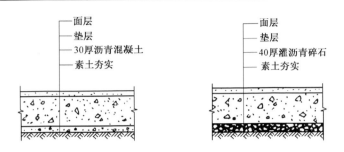

圖 11.34　防止地下水影響的隔離層設置

2.地面的類型

地面一般是按面層材料的不同而分類,有素土夯實、石灰三合土、水泥砂漿、細石混凝土、木板、陶土板等各種地面。根據使用性質可分爲一般地面和特殊地面(如防腐、防爆等)兩種。按構造不同也可分爲整體面層和板、塊材面層兩類。

11.7.2　其他構造

1.金屬梯

廠房中常需設置作業平臺鋼梯、吊車鋼梯、屋面檢修及消防鋼梯等金屬梯。

(1)作業平臺鋼梯

作業平臺鋼梯是工人上下生產操作平臺或跨越生產設備聯動綫的交通道。設計多選用定型構件,它有 45°、59°、73°、90°四種。45°型高度可達 4.2 m,梯寬爲 0.8 m;59°型高度可達 5.4 m,梯寬有 0.6 m 和 0.8 m 兩種;73°型高度可達 5.4 m,梯寬 0.6 m;90°型高度不超過 4.8 m,梯寬 0.6 m。鋼梯的形式,見圖 11.35。

鋼梯邊梁的下端和地面墊層中的預埋鐵件連接,邊梁的上端固定在作業或休息平臺鋼梁或鋼筋混凝土梁的預埋鐵件上。

(2)吊車鋼梯

如有駕駛室的吊車,吊車梯設于靠駕駛室一側;爲避免吊車停靠時碰撞端部車擋,吊車梯一般設于廠房端部第二柱距内;當多跨車間相鄰跨有吊車時,吊車梯可設在中柱上,使一梯爲兩臺吊車服務;若同跨内有兩臺以上吊車時,應每臺吊車設專用鋼梯。

吊車梯由梯段和平臺組成。當梯段高度≤4 200 mm 時,可不設平臺,梯爲直梯。吊車梯的斜度一般爲 63°(即 1/2),梯寬 600 mm(圖 11.36)。

設計時可根據軌頂標高選用定型圖集中相應的梯段和平臺型號。梯段上端與安裝在柱上(或固在墻上)的平臺連接,下端固定在剛性地面上。若爲非剛性地面時,則需在墻上加設混凝土基礎將梯段下端固定起來。

(3)屋面檢修及消防鋼梯

廠房均應設置屋面檢修兼作消防用的鋼梯。一般多采用直鋼梯,但當廠房很高用直梯不方便也不安全時,采用有平臺的斜梯。

屋面檢修梯設在實墻或窗間墻上,但梯不得面對窗口。廠房有高、低跨時,應使梯經低跨屋面再至高跨屋面;設有天窗的,屋面檢修梯應設于天窗的間斷處附近,便于人上屋

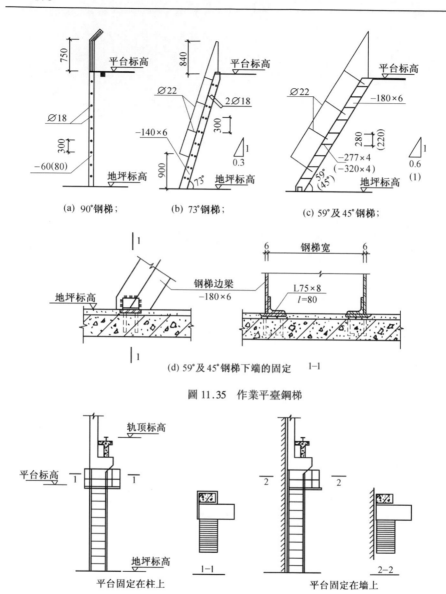

(a) 90°钢梯;　　(b) 73°钢梯;　　(c) 59°及45°钢梯;

(d) 59°及45°钢梯下端的固定　　1—1

圖 11.35　作業平臺鋼梯

平台固定在柱上　　　1—1　　　　平台固定在墙上　　　2—2

圖 11.36　吊車鋼梯及平臺安裝示意圖

面后橫向穿越;天窗端壁亦應設梯供人上天窗屋面。

　　設計時,應根據屋面標高值和檐口(或山墻頂)構造情況等選用定型圖集中相應鋼梯型號(圖 11.37)。

　　2.吊車走道板

　　吊車走道板是爲維修吊車軌道與吊車而設置的,它沿吊車梁頂面鋪設。當吊車爲中級工作制,軌頂高度小于 8 m 時,只在吊車操縱室一側的吊車梁上通鋪;軌頂高度大于 8 m

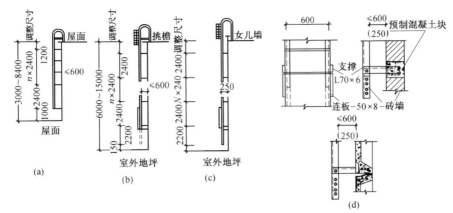

(a) 兩屋面間檢修梯;(b)室外地坪至檐口直鋼梯;(c)室外地坪至女兒墻直鋼梯; (d)梯與墻的連接構造

圖 11.37　屋面檢修消防直鋼梯

時,則應在兩側吊車梁上都通鋪;當爲高温車間,吊車爲重級工作制時,不論軌頂高度、吊車臺數如何,兩側吊車梁上均通鋪設。

　　走道板常用預制鋼筋混凝土板制作,有定型圖集供選擇。預制鋼筋混凝土走道板寬度有 400 mm、600 mm、800 mm 三種,板長系與柱子净距相配套,板截面爲槽形或 T 形。走道板的兩端擱置在柱側面的鋼牛腿上,并焊牢固。走道板一側或兩側設置鋼欄杆(圖11.38)。

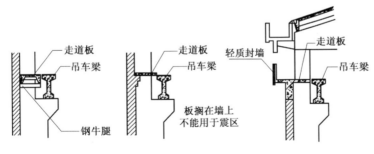

(a) 槽形鋼筋混凝土走道板;　　(b) 鋼走道板;　　　　(c) T形鋼筋混凝土走道板

圖 11.38　連柱走道板布置

3.隔斷

　　根據生産、管理、安全衛生等要求,廠房内有些生産或輔助工段、輔助用房需用隔斷來隔開。一般所隔地段的上部無頂蓋,與車間是連通的,只在需要防止車間内有害介質的侵蝕時,才加頂蓋構成爲封閉的空間。不設頂蓋的隔斷一般高 2 m 左右,設頂蓋的隔斷高一般爲 3.0～3.6 m。

　　隔斷可用多種材料制成。

　　(1)混合隔斷

　　混合隔斷是指用不同材料混合組成的隔斷。通常是在廠房的地面上砌 240 mm ×

240 mm 的磚柱,一般柱距≤3 m,并砌高 1 m 左右的半磚墻,上部安設木門窗或鋼門窗,有的裝金屬網隔扇等。

(2)裝配式鋼筋混凝土隔斷

裝配式鋼筋混凝土隔斷一般由拼板、立柱和上檻組成。拼板爲鋼筋混凝土鑲邊板,板寬度有 500 mm、850 mm、1 000 mm 種,高度爲 2 045 mm,拼板下部爲 25 mm 實心板,上部裝玻璃或金屬網。多用于火灾危險性大和濕度較大的車間内。

(3)金屬網隔斷

金屬網隔斷由金屬網與邊框構成的拼扇組成。金屬網有鋼板網或鍍鋅鐵絲網,邊框由型鋼、鋼管柱等制作。多用于分隔車間内的工段。

11.8 多層廠房簡介

11.8.1 多層廠房的特點

和單層廠房相比,多層廠房具有以下特點:

(1)占地面積小,節約用地,縮短室外各種管網的長度,降低了建設投資和維修費用。

(2)廠房寬度較小,可不設天窗,而利用側窗采光。

(3)屋面面積小,防水、排水構造處理簡單,利于室内保溫、隔熱。

(4)增加了垂直交通運輸設施,且人、貨流組織較復雜。

(5)若樓層上有振動荷載,使結構計算和構造處理復雜。

11.8.2 多層廠房的平面形式

多層廠房的平面形式,首先應滿足生產工藝的要求,并綜合考慮與生產相關的各項技術要求,以及運輸設備、交通樞紐和生活輔助用房的關系。

根據工程的具體情况,常見的多層廠房平面布置的形式有:

1.內廊式

適宜于面積不大,相互生產上又需緊密聯系,但又不希望干擾的工段。這時就可將各工段按工藝流程的要求布置在各個房間内,并用内廊(内走道)聯系起來(圖 11.39)。

2.統間式

由于生產工段面積較大,各工序又緊密聯系,不宜分隔小間布置,這時常采用統間式的平面布置。這種布置對自動化流水綫的操作更是有利,在生產過程中如有少數特殊的工段需要單獨布置時,亦可將它們加以集中,分別布置在某一區段或車間的一端或一隅(圖 11.40)。

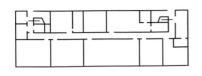

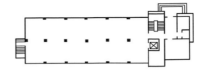

圖 11.39　內廊式平面布置　　　　　　圖 11.40　統間式平面布置

3.大寬度式

爲了滿足某些工段的高精度、超淨化等的特殊要求,使廠房平面布置更爲經濟合理,可采用加大廠房寬度,形成較大寬度的平面布置。這時可把交通運輸樞紐及生活輔助用房布置在廠房中部采光條件較差的地區,以保證生產工段所需的采光與通風要求(圖11.41)。

4.混合式

根據不同生產要求,采用上述多種平面形式的混合布置,稱爲混合式平面布置。它的優點是能滿足不同生產工藝流程的要求,靈活性較大。缺點是平面及剖面形式復雜,結構類型不易統一,施工較麻煩,對抗震亦不利(圖11.42)。

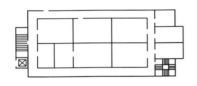

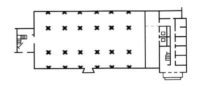

圖 11.41　大寬度式平面布置　　　　　　圖 11.42　混合式平面布置

11.8.3　多層廠房的柱網布置

柱網的選擇首先應滿足生產工藝的需要,其尺寸的確定應符合《建築模數協調統一標準》GBJ 2—86 和《廠房建築模數協調標準》GBJ 6—86 的要求。同時還應考慮廠房的結構形式、采用的建築材料和其在經濟上的合理性以及施工上的可能性。在工程實踐中結合上述平面布置的形式,多層廠房的柱網一般可概括爲以下幾種主要類型(圖11.43)。

1.內廊式柱網

適用于內廊式的平面布置。組成的平面一般都是對稱的,在兩跨中間布置走廊,具體尺寸不統一,常見的柱距 d 爲 6.0 m,進深 a 有 6.0 m,6.6 m 及 6.9 m 數種;而走廊寬 b 則爲 2.4~3.0 m 居多。

2.等跨式柱網

主要適用于需要大面積布置生產工藝的廠房,底層一般布置機加工、倉庫或總裝配車間等,有的還配有起重運輸設備。這類柱網可以是兩個以上連續等跨的形式。用輕質隔墻分隔后,亦可作內廊式的平面布置。目前采用的柱距 d 爲 6.0 m,跨度 a 有 6.0 m、6.9 m、7.5 m、9.0 m、10.5 m 及 12.0 m 等數種。

3.對稱不等跨柱網

特點及適用範圍基本和等跨式柱網類似。目前常用的柱網尺寸有(5.8 + 6.2 + 6.2 +

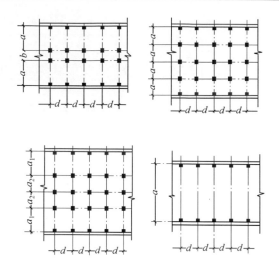

圖 11.43　柱網布置類型

5.8) m×6.0 m(儀表類)，(1.4＋6.0＋6.0＋1.4) m×6.0 m(輕工類)，(7.5＋12.0＋12.0＋7.5) m×6.0 m 及(8.0＋12.0＋12.0＋8.0) m×6.0 m(機械類)等。

　　4. 大跨度式柱網

　　由於取消了中間柱子，爲生產工藝的變革提供更大的適應性。由於跨度較大，樓層常采用桁架結構，這樣樓層結構的空間(桁架空間)可作爲技術層，用以布置各種管道及生活輔助用房。

　　除上述主要柱網類型外，在實踐中根據生產工藝及平面布置等各方面的要求，也可采用其他一些類型的柱網，如(9.0＋6.0) m×6.0 m，(6.0～9.0＋3.0＋6.0～9.0＋3.0＋6.0～9.0) m×6.0 m 等。

11.8.4　多層廠房的剖面設計

　　多層廠房的剖面設計應結合平面設計和立面處理同時考慮。主要研究和確定廠房的剖面形式、層數、層高和內部設計等的有關問題。

　　1. 多層廠房的剖面形式

　　由於廠房平面柱網的不同，多層廠房的剖面形式亦是多種多樣的。不同的結構形式和生產工藝的平面布置都對剖面形式有着直接的影響。目前我國多層廠房設計中，結合經常采用的柱網布置有圖 11.44 所示的幾種剖面形式。

　　2. 多層廠房層數的確定

　　多層廠房層數的確定與生產工藝、樓層使用荷載、垂直運輸設施以及地質條件、基建投資等因素均有密切關系。爲節約用地，在滿足生產工藝要求的前提下，可增加廠房的層數，向竪向空間發展。目前建造的多層廠房還是以 3～5 層的居多。今后，由於城市用地緊張及規劃要求，很有可能向高層發展。

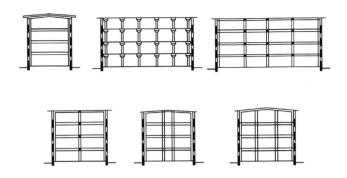

圖 11.44　多層廠房的剖面形式

11.8.5 多層廠房定位軸綫的標定

　　同單層廠房一樣,多層廠房的平面定位軸綫有縱向和橫向兩種定位軸綫。與廠房長度方向平行的軸綫稱爲縱向定位軸綫,與其垂直的軸綫稱爲橫向定位軸綫。

　　多層廠房定位軸綫的標志方法,隨廠房結構形式而有所不同。下面介紹砌塊墻承重和裝配式鋼筋混凝土框架承重的多層廠房定位軸綫的標定方法。

　　1.砌塊牆承重

　　廠房采用砌塊墻承重時,其內墻的中心綫一般與定位軸綫相重合。外墻的定位軸綫和墻內緣的距離應爲半塊塊材或其倍數;或定位軸綫與外墻中心綫相重合,帶有壁柱的外墻,定位軸綫也可與墻內緣相重合(圖 11.45)。

　　2.鋼筋混凝土框架承重

　　框架承重時,定位軸綫的定位不僅涉及框架柱,而且也與梁板等構件有關。下面主要介紹定位軸綫和墻柱的關系。

　　(1)墻、柱與橫向定位軸綫的定位

　　橫向定位軸綫一般與柱中心綫相重合。在山墻處定位軸綫仍通過柱中心,這樣可以減少構件規格品種,

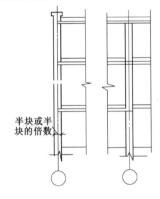

半塊或半塊的倍數

圖 11.45　承重外墻、內墻與定位軸綫的關系

使山墻處橫梁與其他部分一致,雖然屋面板與山墻間出現空隙,但構造上是易于處理的(圖 11.46)。

　　橫向伸縮縫或防震縫處應采用加設插入距的雙柱并設兩條橫向定位軸綫,柱的中心綫與橫向定位軸綫相重合。插入距一般取 900 mm。此處節點可采用加長板的方法處理(圖 11.46)。

　　(2)墻、柱與縱向定位軸綫的定位

　　縱向定位軸綫在中柱處應與柱中心綫相重合。在邊柱處,縱向定位軸綫在邊柱下柱截面高度(h_1)範圍內浮動定位。浮動幅度 a_n 最好爲 50 mm 的整倍數,這與廠房柱截面的尺寸應是 50 mm 的整倍數是一致的。a_n 值可以是零,也可以是 h_1,當 a_n 爲零時,縱向定位軸綫即定于邊柱的外緣(圖 11.47)。

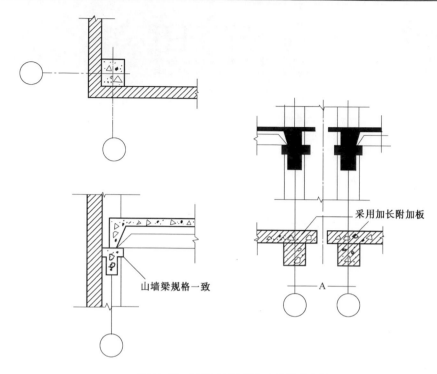

圖 11.46 框架承重時橫向定位軸綫定位

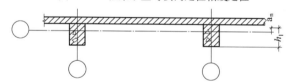

圖 11.47 邊柱與縱向定位軸綫的定位

復習思考題

1. 常用的屋架有幾種?

2. 吊車梁的種類有哪些?

3. 單層廠房的支承系統有幾種?

4. 天窗的類型有幾種?

5. 廠房地面有哪些類型?

6. 簡述鋼梯的種類及連接作法。

7. 多層廠房的特點是什麼?

8. 多層廠房常見的平面布置形式有哪些?

第 12 章　建築材料概述

12.1　無機膠凝材料

建築工程中,凡通過自身的物理化學作用從漿體變成堅硬的石狀體(即硬化過程),并能將松散礦質材料(如砂、石等)膠結爲一個整體的材料,統稱爲膠凝材料。膠凝材料的分類、特性及應用見表 12.1。

表 12.1　膠凝材料的分類、特性及應用

按化學成分分類	按硬化特點分類	特　性	典型材料	適　用　性
無機膠凝材料	氣硬性膠凝材料	只能在空氣中完成硬化過程	石灰,石膏	地上或干燥環境
	水硬性膠凝材料	既可在空氣中又可在水中完成其硬化過程	水泥	地上地下及水中建築工程
有機膠凝材料	——	硬化過程無須加水	瀝青,樹脂	配置各類混凝土

12.1.1　石灰

石灰多以塊狀石灰岩(主要成分爲 $CaCO_3$)經 $900 \sim 1\,300$ ℃高温煅燒而得。它原料來源廣泛,生産工藝簡便,造價低廉,在工程中應用廣泛。

　1.石灰的熟化

石灰燒成后多爲白色或淺黄色多孔塊狀體,即生石灰(主要成分爲 CaO)。工程中多用生石灰加水充分熟化爲熟石灰。熟化原理如下

$$CaO + H_2O =\!\!= Ca(OH)_2 + 64.9 \text{ kJ}$$

石灰的熟化過程伴有明顯的放熱及體積膨脹現象,熟化時應注意充分攪拌。

控制石灰熟化加水量,可以得到不同形態的石灰:加水量較少(占生石灰質量約 $60\% \sim 80\%$)時,可制得生石灰粉,用于配制灰土及三合土;加水量較多(爲生石灰質量的 $2 \sim 3$ 倍)時,經充分攪拌熟化,并用篩網過濾后在貯灰池中静置至少兩周,可制得具有較好塑性及一定黏結力的石灰膏,用于拌制各類砂漿,以上工藝過程有助于消除不易熟化的過火石灰顆粒的潜在危害,稱爲"陳伏"。

　2.石灰的硬化

熟石灰在空氣中會逐漸蒸發水分并與空氣中的 CO_2 發生化學反應,最終形成堅硬的固體。但純石灰膏此過程緩慢且伴有明顯收縮,爲提高石灰膏熟化速度、抑制收縮,工程中石灰膏常與砂、紙筋、麻刀等材料按比例摻配使用。

3.石灰的應用及貯存

石灰可與黏土、砂等材料按一定比例拌和夯實配制灰土及三合土;亦常用于配制砌築及抹面砂漿。石灰還可用于墻面涂刷及制作硅酸鹽制品。

新鮮塊灰(生石灰)應封閉貯存,防潮防水,存放期不宜過長。灰膏陳伏后表面覆土或砂,使其與空氣隔絕,能保存較長時間而不變質。

12.1.2 水泥

水泥是建築工程中應用最爲廣泛的一類基本建築材料,在水利、道橋、冶金、國防等領域亦有廣泛應用。水泥基本分類及用途見表12.2。

表 12.2 水泥分類及用途

按照用途分類	特 點	用 途	典型品種舉例
通用水泥	性能具有較好的適用性,廣泛應用于各類普通工業及民用建築用混凝土及水泥制品中。	地上、地下及水中建築工程 用混凝土	硅酸鹽系列通用水泥(如普通水泥、礦渣水泥、粉煤灰水泥)
特性水泥	具有一種或幾種特別突出的性質	對水泥某一種或幾種性能要求較高的特定場合(如耐高溫基礎)	耐火水泥、抗硫酸鹽水泥
專用水泥	性能適合某一專用場合	大體積工程、油井等	大壩水泥、油井水泥

1.硅酸鹽系列通用水泥

硅酸鹽系列水泥是應用最廣泛的通用水泥。它包括:硅酸鹽水泥、普通水泥、礦渣水泥、火山灰水泥、粉煤灰水泥及復合硅酸鹽水泥,它們從原料、生產到特性及應用,有許多相似乃至相同之處,其中硅酸鹽水泥的性質具有代表性。

(1)硅酸鹽水泥的生產及構成

硅酸鹽水泥的原料主要包括以 $CaCO_3$ 爲主要成分的石灰質原料(如石灰石、白堊等)和以 SiO_2、Al_2O_3、Fe_2O_3 爲主要成分的黏土質原料(如黏土、頁岩等)。其生產過程可劃分爲生料制備(原料按比例混合磨細制得生料),熟料燒成(生料高溫煅燒制得熟料),磨細制成(熟料與適量石膏及一定量混合材料共同磨細制得水泥)三個階段,簡稱"兩磨一燒"。硅酸鹽水泥系一定成分的硅酸鹽水泥熟料與 0% ~ 5%的混合材料(礦渣或石灰石)摻配后再加入適量石膏而得。

(2)硅酸鹽水泥的凝結硬化過程

硅酸鹽水泥的熟料是水泥關鍵性的組成部分。它主要由硅酸三鈣、硅酸二鈣等礦物組分構成,各組分遇水后均能產生強烈水化反應,但表現出的水化特性有所不同,如:有的組分水化速度快,有的組分水化放熱量大,有的組分水化后產物強度高等等,因而水泥熟料各組分比例關系的較小改變,會導致水泥凝結硬化及硬化后性能的較大變化。

水泥與一定量的水調和后,形成具有一定流動性的水泥漿,水泥漿很快會失去可塑性,由流動態轉化爲固體態,但尚不具備强度,此過程稱爲凝結。隨后水泥産生明顯的强度,并逐漸發展成爲堅硬的水泥石,此過程稱爲硬化。水泥的凝結硬化是一個連續而復雜的物理化學變化過程,它由快到慢,持續時間相當長(28 d可完成其基本過程),主要是水泥熟料礦物和水相互作用的結果,因而水泥的礦物組成對此過程影響最大。另外,凝結硬化過程中的温濕度條件、水泥的細度等都對此過程有一定影響。

水泥的凝結硬化過程對其硬化后所形成水泥石的强度及長期性能起着决定性的作用。施工中應加强水泥及混凝土制品的現場養護工作(尤其是低温季節施工等惡劣條件下的養護),以保證水泥凝結硬化過程的連續性及穩定性。

(3)硅酸鹽水泥的主要性質

①細度。指水泥顆粒的粗細程度。顆粒越細與水接觸的表面積越多,水泥水化越快,因而凝結硬化越迅速,早期强度越高。但顆粒太細,生産成本較高,且硬化后易産生收縮裂縫,所以水泥的細度要適當。

細度以比表面積(m^2/kg)或篩余百分數(%)表示。國標《硅酸鹽水泥、普通硅酸鹽水泥》GB 175—1999 規定硅酸鹽水泥的細度應大于 300 m^2/kg。

②標準稠度用水量。指水泥净漿達到標準稠度時的用水量。檢測水泥的凝結時間及體積安定性,加水量的多少對試驗結果影響很大,爲使水泥的檢驗結果與國標相應規定具有可比性,必須規定一個標準稠度。

國標規定,水泥的標準稠度用水量以所加水的質量占水泥質量的百分數表示,用標準稠度凝結時間測定儀測定。硅酸鹽水泥的標準稠度用水量約爲 21%～30%。

③凝結時間。水泥的凝結時間分爲初凝及終凝。初凝指從水泥加水拌和到水泥漿開始失去流動性的時間,終凝指從水泥加水拌和到水泥漿完全失去流動性并開始産生强度的時間。

爲使混凝土和砂漿有充分的時間攪拌、運輸、澆搗或砌築,水泥初凝不能過早,若初凝后進行以上工藝操作,會對水泥强度造成嚴重損害;施工完畢后,則要求盡快硬化産生强度,故終凝又不能太遲。爲此,GB 175—1999 規定:硅酸鹽水泥初凝不得早于 45 min,終凝不得遲于 390 min。

④體積安定性。體積安定性簡稱安定性,指水泥硬化過程中體積變化的均匀性。水泥硬化后,産生不均匀的體積變化,稱爲體積安定性不良。安定性不良在工程中會使構件産生膨脹性裂縫,甚至引起嚴重事故。安定性不良的原因,是由于水泥熟料中所含游離 CaO、MgO 或用于緩凝的石膏摻入量過大造成的。

檢驗水泥安定性采用沸煮法(包括試餅法及雷氏法)或蒸壓法。爲保證水泥的安定性,GB175—1999 規定:水泥中 MgO 含量不得超過 5%,SO_3 含量不得超過 3.5%。

⑤强度及强度等級。水泥的强度是水泥膠砂硬化一定齡期后,破壞時單位面積上所能承受的力。强度是水泥的重要技術指標,也是確定水泥强度等級的依據。

國標規定,水泥的强度用軟練法測定。將水泥與標準砂、水按規定比例及方法拌和后制成 4 cm×4 cm×16 cm 的標準試件,在標準條件下養護,測定其 3 d、28 d 齡期的抗壓及抗折强度,以 28 d 的抗壓强度值將水泥劃分爲 42.5、42.5R、52.5、52.5R、62.5、62.5R 等六個强度等級(帶 R 爲早强型)。硅酸鹽水泥强度指標見表 12.3。

表 12.3　硅酸鹽系列水泥强度等級規定值

品　　種	强度等級	抗壓强度/MPa		抗折强度/MPa	
		3 d	28 d	3 d	28 d
硅酸鹽水泥	42.5	17.0	42.5	3.5	6.5
	42.5R	22.0	42.5	4.0	6.5
	52.5	23.0	52.5	4.0	7.0
	52.5R	27.0	52.5	5.0	7.0
	62.5	28.0	62.5	5.0	8.0
	62.5R	32.0	62.5	6.5	8.0
普通水泥、礦渣、火山灰、粉煤灰水泥	32.5	11.0/10.0	32.5/32.5	2.5/2.5	5.5/5.5
	32.5R	16.0/15.0	32.5/32.5	3.5/3.5	5.5/5.5
	42.5	16.0/15.0	42.5/42.5	3.5/3.5	6.5/6.5
	42.5R	21.0/19.0	42.5/42.5	4.0/4.0	6.5/6.5
	52.5	22.0/21.0	52.5/52.5	4.0/4.0	7.0/7.0
	52.5R	26.0/23.0	52.5/52.5	5.0/4.5	7.0/7.0

⑥水化熱。水泥水化時放出的熱量稱爲水化熱。水泥的大部分水化熱在水化初期7 d内釋放,以后則逐漸减少。水化熱主要與熟料的礦物成分和細度有關。水泥的强度等級越高,顆粒越細,水化熱越大。水化熱對于水泥的使用有利有弊:對于大體積混凝土工程,由于水化熱積聚在内部不易散發,致使内外產生較大温差,引起混凝土的温度應力,可能使混凝土產生裂縫甚至破壞;而對于低温季節施工混凝土,水化熱對于保證混凝土的養護條件是有利的。

(4)普通硅酸鹽水泥及摻混合材料的其他硅酸鹽水泥

在磨制水泥時,除摻加3%～5%的石膏外,還允許摻加一定數量的礦質材料與熟料共同磨細,能起到改善水泥的性能、調節標號、增加水泥品種、提高產量和降低成本等作用,并能綜合利用工業廢料和地方材料。這些礦質材料稱爲水泥的混合材料。常用礦質混合材料包括粒化高爐礦渣、火山灰、粉煤灰等。

1)普通硅酸鹽水泥。普通水泥由硅酸鹽水泥熟料、6%～15%混合材料、適量石膏共同磨細制成。普通水泥中摻混合材料較少,其組成與基本特性與硅酸鹽水泥類似,與同等級硅酸鹽水泥相比,早期硬化速度略慢,3 d强度亦低,水化熱較小,其他性能差別不大。因此,普通水泥對各種工程均有較好的適用性,是當前最常用,應用最廣泛的一種水泥。該水泥具體技術指標見表 12.3 及表 12.4。

2)礦渣、粉煤灰、火山灰質硅酸鹽水泥。這三類水泥由硅酸鹽水泥熟料、20%～70%混合材料、適量石膏共同磨細制成,不同類型的混合材料分別配制出不同類型的水泥。這三種水泥由于混合材料摻量較大,與硅酸鹽及普通水泥的性能有一定差異,主要包括:

①初期强度增長慢,后期强度增長快,其强度指標見表 12.3;

②抗腐蝕(尤其是抗硫酸鹽)性能强;

③水化放熱量較小;

④干燥收縮大,抗凍性差。

硅酸鹽系列五種水泥的部分技術指標及性能比較見表 12.4。

表 12.4　硅酸鹽系列水泥特性及適用範圍

名　　稱	硅酸鹽水泥(P.C)	普通水泥(P.O)	礦渣水泥(P.S)	火山灰水泥(P.P)	粉煤灰水泥(P.F)
細度/%	≥300 m²/kg	≤10%	≤10%	≤10%	≤10%
凝結時間/min	初凝≥45 終凝≤390	初凝≥45 終凝≤600	初凝≥45 終凝≤600	初凝≥45 終凝≤600	初凝≥45 終凝≤600
特性	1.快硬、早強 2.水化熱大 3.抗凍性好 4.耐熱、耐腐蝕差	1.早強 2.水化熱較大 3.抗凍性較好 4.耐熱、耐腐蝕差	1.早強低,后期強度增長快 2.水化熱較小 3.耐硫酸鹽侵蝕性較好 4.耐熱性好 5.抗凍較差,干縮大	1.抗滲性較好 2.耐熱性較差 3.其他同礦渣水泥	1.干縮較小 2.耐熱性差 3.其他同礦渣水泥
適用範圍	1.普通混凝土、鋼筋混凝土及預應力鋼筋混凝土 2.有抗凍要求工程及快硬早強工程 3.配制建築砂漿	與硅酸鹽水泥基本相同	1.普通混凝土工程 2.耐熱工程 3.大體積工程 4.蒸汽養護構件 5.抗硫酸鹽工程 6.配制建築砂漿	1.抗滲工程 2.其他同礦渣水泥(耐熱工程除外)	1.抗裂要求構件 2.其他同礦渣水泥(耐熱工程除外)
不適用範圍	1.大體積工程 2.受化學及海水侵蝕的工程	與硅酸鹽水泥基本相同	1.早強要求較高工程 2.有抗凍要求工程	1.干燥環境及有耐磨要求工程 2.其他同礦渣水泥	1.有抗碳化要求的工程 2.其他同礦渣水泥

2.其他品種硅酸鹽水泥

(1)快硬硅酸鹽水泥

該水泥最主要的特點是硬化速度快,早期強度(3 d)較高,但成本亦高,主要用于緊急搶修工程。

(2)硅酸鹽膨脹水泥

該水泥在硬化過程中體積有一定的膨脹,常用于混凝土構件接縫及管道接頭、澆注地腳螺栓、修補工程及整體現澆工程。

(3)白色硅酸鹽水泥

該水泥加入無機顏料后,可制得彩色硅酸鹽水泥,主要用于裝飾混凝土及裝飾砂漿。

3.水泥的腐蝕及防止措施

硬化后的水泥石含有相當數量的 $Ca(OH)_2$ 晶體,呈較強鹼性(pH 值 = 12 ~ 13)。當水泥處于侵蝕性氣體或液體中時,$Ca(OH)_2$ 晶體易被溶出,或與侵蝕性氣、液體發生反應生成膨脹性產物導致水泥石開裂。常見的侵蝕性物質包括:水(尤其是軟水及壓力水)、游離的酸(如 HCl、H₂SO₄)、硫酸鹽(如海水及某些工業廢水,對水泥石有嚴重破壞作用)等。

爲防止水泥的腐蝕,常用措施包括:根據環境侵蝕特點,合理選擇水泥品種;采用工藝措施提高水泥的密實度;在水泥及混凝土制品外制作保護層等。

4.水泥的保管

水泥有袋裝(一般每袋净重 50 kg)、散裝兩種供應方式,在條件允許的情況下應優先選用散裝水泥。水泥在運輸及儲存時不得受潮和混入雜物,不同品種和等級的水泥應分別堆放,不得混雜。常用水泥的保管期限爲三個月,超期爲過期水泥,必須經檢驗合格后方可使用。

12.2　普通混凝土及砂漿

普通混凝土是指由膠凝材料、粗細骨料和水按一定比例配合拌制成混合料,再經硬化而形成的表觀密度在 1 950 ~ 2 500 kg/m³ 之間的人造石材。它原材料來源廣泛,成本較低,具有適應性强,强度高,耐久性好,施工方便等優點,廣泛應用于各類工業與民用建築道橋、水工、軍事等工程,是當代用量最大的工程材料。

12.2.1　普通混凝土組成材料

在混凝土中,粗細骨料(即砂、石)組成骨架,水泥漿包裹骨架并填充其空隙,賦予混凝土拌和物流動性,硬化後起黏結骨架的作用。硬化後混凝土的集料(骨料)約占混凝土體積的 70%,其余是水泥漿和少量氣泡。

1.水泥

水泥的品種應根據不同水泥特性結合工程特點、環境條件選用,亦可參考《混凝土結構工程施工質量驗收規範》GB 50204—2002 中的相應規定選用。

水泥的强度等級必須與混凝土的設計强度等級相適應,應遵循"高配高,低配低"的原則,一般情況下,水泥的强度等級可取混凝土强度等級的 1.5 ~ 2 倍。

2.砂

粒徑在 4.75 mm 以下的集料稱爲砂,砂分爲天然砂和人工砂,天然砂按來源又分爲河沙、海沙和山砂。目前工程中多用較潔净的河沙配制混凝土,但由于河砂屬天然資源,儲量有限,人工機制砂的使用前景很廣闊。

(1)砂的主要技術指標

砂的主要技術指標——顆粒級配和粗細程度,按《建築用砂》GB/T 14684—2001 的規定,評價砂的品質須對砂進行篩分析:取烘干砂樣 500 g(G)用一套孔徑分別爲 9.5 mm、4.75 mm、2.63 mm、0.6 mm、0.3 mm、0.15 mm 的六個方孔標準篩由大到小順次過篩,然后稱出各篩殘余砂的質量(g),再分別計算出篩余百分數(a)和累計篩余百分數(A)公式如下

$$a_n = g_n / G \quad (n = 1 \sim 6) \tag{12.1}$$

$$A_n = a_1 + a_2 + \cdots + a_n \quad (n = 1 \sim 6) \tag{12.2}$$

計算所得的 A 值,即六個篩所對應的累計篩余百分數就反映了砂的顆粒級配。

　　顆粒級配指砂中大小顆粒的搭配關系。級配良好的砂大小顆粒比例恰當,搭配合適,砂的空隙較小,配制混凝土時可使骨料骨架密實,并節約水泥。將各篩的累計篩余百分數與《建築用砂》GB/T 14684—2001 規定的相應允許範圍對照,即可判斷出該砂是否具有符合國標規定的良好級配。

　　砂的粗細程度指砂總體上的粗細狀況。可用細度模數(Mx)表示

$$Mx = (A_2 + A_3 + A_4 + A_5 + A_6 - 5A_1)/(100 - A_1) \qquad (12.3)$$

　　細度模數越大,砂粒越粗。按《建築用砂》GB/T 14684—2001 的規定,Mx 在 3.7 ~ 3.1 之間爲粗砂,3.0 ~ 2.3 之間爲中砂,2.2 ~ 1.6 之間爲細砂。配制混凝土應優先采用級配合格的中砂。

　　(2)砂的有害雜質含量與含泥量

　　砂中的過細顆粒及有害雜質包括黏土、淤泥、雲母、硫化物、硫酸鹽及有機物質等,對混凝土的質量均有一定的影響。其含量應控制在《建築用砂》GB/T 14684—2001 規定的允許範圍。

　　3.石子

　　粒徑大于 4.75 mm 的骨料稱爲石子。石子分爲天然卵石和人工碎石,碎石表面雜質少,棱角多,與水泥黏結力強,在當前工程中應用較多。

　　(1)石子的主要技術指標

　　石子的主要技術指標顆粒級配和最大料徑,石子級配與砂級配原理基本相同,好的級配使骨料空隙及總表面積達到最低程度。石子級配分爲連續級配和間斷級配,工程中多用連續級配石子,即石子粒徑由小到大,在各個粒徑(指粒徑範圍)均有分布,無缺失粒級。按《建築用卵石、碎石》GB/T 14685—2001 的規定,常用連續配有 5 ~ 100 mm、16 mm、20 mm、25 mm、31.5 mm、40 mm 等六個公稱粒級。

　　石子公稱粒級的上限爲該粒級的最大粒徑。石子粒徑越大,總表面積越小,骨架越密實,越省水泥(混凝土收縮亦越小),因此,當配制中、低強度等級混凝土時,粗骨料的最大粒徑就可能選得大些。但最大粒徑還受到混凝土構件斷面尺寸、鋼筋間距和施工條件的限制,《混凝土結構工程施工質量驗收規範》GB 50204—2002 中規定,混凝土用粗骨料的最大粒徑不得大于結構截面最小尺寸的 1/4,同時不得大于鋼筋間最小净距的 3/4。對混凝土實心板,粗骨料最大粒徑不宜超過板厚的 1/2,同時不得超過 50 mm。

　　(2)強度

　　碎石和卵石的強度,可用岩石抗壓強度或壓碎指標值表示。普通混凝土用粗骨料的極限抗壓強度與混凝土強度的比值不應小于 1.5(對于高強混凝土此值不應小于 2.0);壓碎指標表示粒徑 10 ~ 20 mm 的石子在 200 kN 荷載作用下被壓碎(指壓后粒徑小于 2.5 mm)的百分比,可間接推測石子強度。石子的壓碎指標值應符合《建築用卵石、碎石》GB 14685—2001的相應規定。

　　(3)針片狀顆粒及有害雜質含量

　　石子(碎石)的顆粒形狀應棱角分明且易于建立骨架,其針狀、片狀顆粒不應過多。石子的針片狀顆含量、有害雜質含量、泥及泥塊含量均應控制在《建築用卵石、碎石》GB/T 14685—2001規定的範圍内。

4.拌和用水

凡有害物質及雜質含量符合《混凝土拌和用水標準》JGJ 63—89 規定的水,均可用于拌制和養護混凝土。海水不得用于拌制鋼筋混凝土和預應力鋼筋混凝土。

12.2.2 混凝土的技術性質

1.混凝土拌和物的和易性

混凝土拌和物(指凝結之前的混凝土混合物)必須易于施工操作,如拌和、運輸、澆注、搗實,且在此過程中保持其均勻性和穩定性(不能出現泌水、離析等現象),這就要求拌和物具有良好的和易性,具體而言,混凝土應具有合格的流動性(即拌和物易于流動成型,均勻密實填滿模板)和良好的粘聚性(即拌和物各組分均勻混合、不離析、不分層)、保水性(即拌和物保持內部水分不失去、不泌水)。

(1)和易性的評定方法——坍落度法

將拌和物按規定方法裝入坍落度筒後搗實,垂直向上起筒後量測因自重而坍落的拌和物最高點與筒高之間的高差,即坍落度(mm)。以此評定拌和物的流動性,并輔以經驗評定拌和物的粘聚性、保水性,見圖 12.1。

(2)坍落度的選擇

混凝土施工中,拌和物坍落度的大小應根據構件種類、鋼筋疏密程度及振搗方法,參照《混凝土結構工程施工質量驗收規範》GB 50204—2002的相應規定選擇。如混凝土

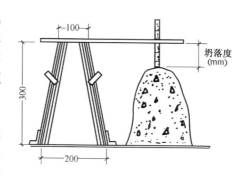

圖 12.1　混凝土拌和物坍落度測定圖

澆築普通板、梁和大、中型截面時,坍落度宜取 30 ~ 50 mm,而澆注配筋密列的混凝土結構(如薄壁、筒倉、細柱等)時,坍落度則宜取 50 ~ 70 mm。

(3)影響和易性的因素

①水泥漿的數量和水灰比。水灰比指混凝土中水與水泥的質量比,是混凝土的一個重要技術指標。混凝土拌和物的流動性主要來自填充骨料空隙并包裹骨料形成潤滑層的水泥漿,因而水泥漿的數量和水泥漿的稀稠程度對拌和物的流動性影響很大。增加拌和物中水泥的數量(可同時加入適量水和水泥),或增大水灰比(可增大混凝土的用水量),都可以改善拌和物的流動性。但單純增大水灰比,水泥漿體變稀,拌和物粘聚性、保水性變差,施工中易出現泌水、離析等不良現象。因此,調整拌和物流動性的原則是:保持拌和物水灰比不變,適當增加(減少)水泥漿的數量。

②砂率。砂率指混凝土中砂的質量占砂石總質量的百分率。在水泥漿數量一定的情況下,砂率過大,骨料總表面積增大,包裹骨料的水泥漿變薄,潤滑效果變差,拌和物流動性減小;砂率過小,砂可能不足以填充石子空隙,水泥漿填塞空隙後,用于包裹骨料的水泥漿數量會減少,漿層厚度亦變薄,拌和物流動性減小。因此,對混凝土而言,存在一個不大不小的最優砂率。在水泥漿數量一定的情況下,采用最優砂率,能使拌和物獲得最大的流動性,且不易出現泌水、離析等現象。

③影響和易性的因素還有很多,如骨料級配及表面狀況,水泥需水性,拌和環境溫度,攪拌時間,外加劑使用情況等。

2.混凝土的強度

普通混凝土及鋼筋混凝土結構中多采用混凝土的立方體抗壓強度作爲設計依據,它也是施工中控制、評定混凝土質量的主要技術指標。

(1)混凝土立方抗壓強度標準值與混凝土強度等級

施工中評定混凝土的強度等級以及進行部分工藝操作(如拆模、預應力筋放張等)的監控,都需測定混凝土的立方體抗壓強度。在混凝土澆築時,制作規定組數(每組 3 塊)的邊長爲 150 mm(必要時亦可選用 100 mm 及 200 mm)的立方體試件,標準養護或同條件養護至28 d齡期,測得的抗壓強度值即爲混凝土立方體抗壓強度值,以 f_{cu} 表示。

混凝土的強度等級按立方體抗壓強度標準值($f_{cu,k}$表示)劃分爲 C7.5、C10、C15、C20、C25、C30、C40、C45、C50、C55、C60 等 12 個級別。例如:C20 表示混凝土立方體抗壓強度標準值 $f_{cu,k}$ = 20 MPa。立方體抗壓強度標準值系指按標準方法(即上述采用標準養護測定混凝土抗壓強度的方法)測得的立方體抗壓強度總體分布中的一個值,強度低于該值的百分率不超過 5%。這里,$f_{cu,k}$不是實測的抗壓強度,而是利用數學統計概率方法得出的一個抗壓強度的統計平均數值。即對某種強度等級的混凝土,在所有被統計的試件中,至少有95%的試件的立方體抗壓強度將高于這批試件的立方體抗壓強度標準值,只有至多5%的試件的立方體抗壓強度低于標準值。

(2)影響混凝土強度的因素

強度的影響因素很多,主要包括:

①水泥的強度等級及水灰比(W/C)。I 混凝土的強度主要取決于水泥石的強度及其與骨料骨架間的黏結力,二者又分別取決于水泥的強度等級和水灰比的大小。混凝土28 d的立方體抗壓強度與水泥強度等級和水灰比的關系符合經驗公式

$$f_{cu} = Af_{fe}(C/W - B) \tag{12.4}$$

式中　f_{cu}——混凝土 28 d 的立方體抗壓強度,MPa;

　　　f_{ce}——水泥的實際強度,MPa;

　　　C/W——灰水比(質量比);

　　　A,B——經驗系數,當粗骨料爲卵石時,A 宜取 0.46,B 宜取 0.07,粗骨料爲碎石時,A 宜取 0.48,B 宜取 0.33。

由此公式知,混凝土的強度與水泥的強度等級成正比,與水灰比成反比。

②骨料。級配良好,表面潔净且粗糙多棱角的骨料,與水泥的黏結力大,所配制的混凝土強度高。高強混凝土(> C45)宜采用較小粒徑(最大粒徑不超過 31.5 mm),質地堅硬的碎石。

③養護條件與齡期。混凝土的硬化過程受水泥影響,溫度越高,強度增長越快,溫度太低,強度增長減緩甚至停止(如負溫條件);濕度適宜,強度增長穩定,濕度太小,強度增長緩慢,且容易干縮開裂。因此,混凝土在養護期(至少 28 d)必須保持一定的溫濕度條件,以保證混凝土強度的正常發展。《混凝土結構工程施工質量驗收規範》GB 50204—2002中規定,在混凝土澆築完畢后的 12 h 内應對混凝土加以覆蓋和澆水,澆水

養護時間,對硅酸鹽水泥、普通水泥和礦渣水泥拌制的混凝土不得少於 7 d。

混凝土強度隨齡期增長而提高,最初 7 d 增長較快,以后逐漸減慢,28 d 達到標準強度。

(3)提高混凝土強度的措施

①采用高强度等级水泥或快硬早强類水泥。

②如有必要,采用干硬性混凝土。干硬性混凝土水灰比較小,流動性低,須强力振搗,振后密實度大,强度高。

③合理摻用外加劑和外摻料。拌和物中加入外加劑(如減水劑、早强劑)和磨細礦物外摻料(如磨細粉煤灰、硅灰、超細礦渣等),可改善混凝土亞微觀構造,減少用水量,促進水泥硬化,從而提高混凝土的强度,尤其適合配制高强度及超高强度混凝土(C60 ~ C100)。

④采用蒸汽和蒸壓養護。早强較低水泥(如火山灰水泥)所配混凝土構件適合采用蒸汽養護,對提高其早期强度有明顯效果;外摻料用量較大的混凝土構件適合蒸壓養護。

3. 混凝土的耐久性

混凝土不僅應具有較高的强度,還應兼具較好的承受各種自然環境的影響、侵蝕而不破壞的能力,即良好的耐久性。

(1)混凝土耐久性指標

混凝土抵抗壓力水滲透的能力稱爲抗滲性。表征指標是抗滲等級,常見等級有 P4 ~ P12。抗滲等級越大,抗滲性越好。

混凝土在水飽和狀態下,能經受多次凍融循環不破壞,强度也不嚴重降低的性質稱爲抗凍性。表征指標是抗凍等級,常見等級有 F25 ~ F300。抗凍等級越大,抗凍性越好。

此外,混凝土耐久指標還包括抗蝕性、抗碳化能力、抗碱集料反應能力等。

(2)提高混凝土耐久性的措施

混凝土被壓力水滲透,被凍壞,被化學介質侵蝕,被空氣中的 CO_2 碳化,其根本原因在于混凝土存在内外相連的微孔隙,即混凝土不夠密實。因而,提高混凝土的密實度是改善其耐久性的根本途徑,有效措施包括:控制水灰比(規定其上限)和水泥用量(規定其下限);合理摻用引氣劑、減水劑等明顯改善混凝土抗凍、抗滲性的外加劑;根據環境合理選擇水泥品種;采用先進的施工工藝和加强施工管理,降低混凝土的孔隙率,改善其孔隙構造等。

12.2.3　普通混凝土的配合比設計

混凝土的性能不僅與各組成材料的性質有關,還與各組成材料在混凝土中的比例關系,即配合比有關。混凝土配合比通常以 1 m³ 混凝土所使用材料的質量或其比例關系表示。例如,某混凝土配合比爲: $C_0 = 320$ kg, $S_0 = 640$ kg, $G_0 = 1\ 280$ kg, $W_0 = 160$ kg 或 $C:S:G = 1:2:4$, $W/C = 0.5$(注: C_0, S_0, G_0, W_0 分別指 1 m³ 混凝土中水泥、砂、石、水的用量)。配合比設計的任務,就是將各組成材料合理配合,使拌制出的混凝土能滿足强度、和易性和耐久性三方面的要求,并盡量節約水泥。

按照《普通混凝土配合比設計規程》JGJ 55—2000 的規定,首先應根據理論計算得出初步配合比,然后據此配合比進行試配,檢驗試配混凝土的和易性和强度是否滿足設計要求,若不滿足,則需對配合比進行一定的調整,最后按照拌和物的實測表觀密度和砂、石實際含水狀況再對配合比作最后的調整,得到施工配合比,此配合比即可在工程中直接用于水泥、砂、石等材料的稱量。

12.2.4　混凝土外加劑

混凝土外加劑指在混凝土拌制過程中加入的有機或無機化學物質,其摻量不超過水泥質量的 5%,摻入后可使混凝土的多種性能得到改善。不同種類的外加劑可起到提高拌和物流動性能、調節混凝土凝結時間、改善混凝土的耐久性、提高混凝土強度等多方面的作用。在發達國家,外加劑在混凝土中的應用極爲普遍,被稱作混凝土的"第五種組成材料"。國內外加劑的使用也越來越廣泛,常用外加劑有以下幾類。

1. 減水劑

減水劑可在不影響混凝土和易性的前提下,起到減水及增強作用,在不同情況下,減水劑還具有改善拌和物流動性、節約水泥、提高耐久性等多方面的作用,是當前應用最廣泛的一類外加劑,用于配制各類普通混凝土及高強、高性能混凝土。國內常用的減水劑有木質素磺酸鈣(俗稱木鈣、M 型減水劑)、NNO、FDN 高效減水劑等。

2. 早強劑

早強劑能加速混凝土硬化過程,提高混凝土的早期強度,而對后期強度無明顯損害。多用于冬季施工、緊急搶修、需要加速模板周轉的混凝土工程。常用早強劑有 $CaCl_2$、$NaCl_2$、Na_2SO_4 和三乙醇胺等(注:使用氯鹽型外加劑應注意其對鋼筋銹蝕的加速作用)。

3. 引氣劑

引氣劑的使用會引入混凝土內大量分布均匀的微小的(單孔直徑 0.05 ~ 1.25 mm)獨立氣泡。大量氣泡的存在對骨料起潤滑作用,改善了拌和物的和易性;微小氣泡還能緩冲因水的凍結而產生的膨脹壓力,從而改善混凝土的抗凍性。有抗凍及較高耐久性要求的混凝土必須摻用引氣劑。常用引氣劑有松香酸鈉和松香熱聚物等。

4. 緩凝劑

緩凝劑能延緩混凝土凝結時間,并對其后其強度發展無不利影響。它使拌和物在較長時間內保持其塑性,以利澆注成型或降低水化熱。緩凝劑主要適用于高溫季節(或環境)施工工程、大體積工程、滑模施工、泵送混凝土及長時間或長距離輸送的混凝土。常用緩凝劑有糖蜜、檸檬酸等。

12.2.5　預拌混凝土

預拌混凝土又稱商品混凝土,指混凝土拌和物以商品形式出售給施工單位并運送到澆注地點。分爲集中攪拌供應混凝土和車拌供應混凝土。采用預拌混凝土有利于保證混凝土質量、節約原材料、實現現場文明施工和改善環境,是當前大力推廣的混凝土拌制、供應新方式。

12.2.6 其他混凝土

1.抗滲混凝土

抗滲混凝土具有較好的防水抗滲性能,其抗滲等級不小于 S6。主要用于基礎、地下建築、水工構築物、給排水構築物等。其配制途徑有:通過改進施工工藝來提高混凝土的密實度,從而達到防水抗滲的效果;使用膨脹水泥或摻用防水型外加劑(如 $FeCl_3$)達到防水抗滲的效果。

2.輕集料混凝土

凡用輕質粗、細骨料,水泥和水配制的表觀密度小于 1 950 kg/m³ 的混凝土稱爲輕集料混凝土。輕集料混凝土具有質輕、保温、隔熱、吸音等特點,適用于高層及大跨度建築中的隔墻、樓板、屋面板等。

輕骨料包括天然多孔岩石(如浮石),經加工而得的多孔工業廢料(如粉煤灰陶粒),人造輕骨料(如頁岩陶粒、黏土陶粒、膨脹珍珠岩陶粒等)。

輕骨料混凝土的强度等級與普通混凝土相似,按立方體抗壓强度標準值劃分爲 CL5.0、CL7.5、CL10、CL15、CL20、CL30、CL35、CL40、CL45、CL50 等 11 級。其中 CL5.0 級的混凝土($\rho_0 \leqslant 800$ kg/m³),主要用作保温材料;CL7.5 ~ CL15 級($\rho_0 \leqslant 800 ~ 1\ 400$ kg/m³),主要用于承重不大的保温圍護結構;CL20 ~ CL50 級($\rho_0 \leqslant 1\ 400 ~ 1\ 900$ kg/m³),主要用于承重構件。

12.2.7 建築砂漿

建築砂漿是由膠凝材料、細骨料和水按適當比例配制而成。其組成與混凝土類似,可看作砂率爲 100% 的混凝土,又稱細骨料混凝土。砂漿按膠凝材料可分爲水泥砂漿、石灰砂漿和混合砂漿。按用途又可分爲砌築砂漿、抹面砂漿和防水砂漿。

1.砌築砂漿

(1)砌築砂漿組成材料水泥多用普通水泥,强度一般取砂漿强度等級的 2 ~ 4 倍,且宜選較低等級的水泥(如 32.5)或砌築水泥;石灰膏及磨細生石灰粉均可用于石灰砂漿的拌制;細骨料一般采用天然中砂,砌築磚墻和砌塊砌體時,砂的粒徑不應大于 2.5 mm,且使用前必須過篩;砂漿拌制時也可適量摻配外加劑(如微沫劑)和外摻混合料(如粉煤灰)。

(2)砌築砂漿技術性質

①新拌砂漿的性質。新拌砂漿必須有良好的和易性,這樣,砂漿才容易在磚石底面攤鋪成均匀的薄層,并與砌體材料緊密黏結。

砂漿的和易性包括流動性和保水性,其含義與混凝土基本相同。施工中常以加水量的多少來控制流動性。保水性不良的砂漿可摻入適量石灰膏、粉煤灰等材料,因而,多數情况下混合砂漿的和易性較水泥砂漿要好。

②硬化後砂漿的性質。硬化後砂漿的抗壓强度是其主要技術指標。將砂漿按規定方法制作成邊長爲 70.7 mm 的立方體試塊,在規定條件下養護至 28 d,測定其抗壓强度,以平均極限抗壓强度來評定砂漿的强度等級。

砌築砂漿的强度等級分爲 M15、M10、M7.5、M5、M2.5 等五個級別。M15 强度等級,表示砂漿 28 d 的平均極限立方體抗壓強度大于或等于 15 MPa。

砌築砂漿的強度與砌築底面材料的吸水性有關。用于不吸水底面(如密實的石材)的砂漿的強度與混凝土相似,主要取決于水泥強度和水灰比;用于吸水底面(如磚和其他多孔砌體材料)的砂漿的強度主要取決于水泥強度和水泥用量。

2. 普通抹面砂漿

普通抹面砂漿多用于地面和墙面的涂抹,起裝飾和保護作用。抹面砂漿通常分兩層或三層施工。底層主要起與基層黏結和初步找平作用,其水分被底面吸收,因此必須有較好的保水性和黏結力;中層主要起找平作用,材料與底層相同,多用石灰砂漿和混合砂漿。面層主要起裝飾作用,多用混合砂漿、麻刀、紙筋石灰漿。而在容易碰撞或潮濕的部位,應采用水泥砂漿,如墙裙、踢脚板、地面、雨篷及水池等處。

3. 防水砂漿

防水砂漿是依靠特定的施工工藝(人工抹壓或高壓噴涂)或在砂漿中摻入防水劑(如防水漿、避水漿)來提高砂漿密實度,使硬化后的砂漿具有一定的防水、抗滲性能。多用于給排水工程(如水池、水塔)和地下室、地下建築的防水抹面

12.3 牆體材料

12.3.1 普通黏土

目前,普通磚混結構工程中使用的墙體材料主要是普通黏土磚。它原材料來源廣泛,生產工藝簡單,成本低廉,具有一定的強度、耐久性和保温隔熱性能,常用于砌築墙、柱、基礎、拱、烟囱等。

1. 普通黏土磚的生產及規格

普通黏土磚系黏土經調制、制坯、干燥、焙燒后制得。按燒制工藝可分爲内燃磚和外燃磚,内燃磚燒制效率高,強度也較高,但易變形。普通黏土磚如焙燒火候不當,會形成品質不良的欠火磚或過火磚。

普通黏土磚的標準尺寸是 240 mm × 115 mm × 53 mm,每 1 m³ 磚砌體理論需磚 512 塊。磚的表觀密度爲 1 500 ~ 1 800 kg/m³,吸水率較大,爲 8% ~ 27%,因此,在砌築砌體前爲避免磚從砂漿中過多吸收水分,影響砂漿硬化后的強度及黏結力,常將磚澆水潤濕至適宜含水率(10% ~ 15%)。

2. 普通黏土磚的強度等級

普通黏土磚按其抗壓強度的平均值和標準值劃分爲 MU7.5、MU10、MU15、MU20、MU25 及 MU30 共六個等級。如 MU7.5 級磚的平均抗壓強度不低于 7.5 MPa。

12.3.2 新型牆體材料

普通黏土磚雖有一定優點,但也存在着毀田嚴重,生產能耗高,塊體小,砌築不便,與各類新型墙材相比保温隔熱性較差等缺點。爲適應建築節能的要求,積極發展混凝土小型空心砌塊等新型墙材建築體系和框架輕墙建築體系,采用各種新型墙材替代普通黏土

磚勢在必行。當前常見新型墻材有:

1.燒結多孔磚和燒結空心磚

多孔磚和空心磚均爲黏土焙燒而得。二者磚面均勻分布着一定尺寸和數量的規則小洞,因此均具有較低的表觀密度(800~1 500 kg/m³)和較好的保温隔熱性,多孔磚孔洞縱向排列,孔洞率較低,强度可達 30 MPa 以上,用于多層磚混結構的承重砌體;空心磚孔洞横向排列,孔洞率較高,具有良好的熱絶緣性能,用于磚混結構的非承重墻和框架結構的填充墻。

2.砌塊

砌塊生産工藝簡單,可充分利用工業廢料和地方材料,塊體尺寸大,砌築靈活,與混凝土和普通黏土磚相比,多具有較小的表觀密度和較好的保温隔熱性,是目前大力推廣的一種新型墻材。工程中常用的砌塊包括粉煤灰砌塊、蒸壓加氣混凝砌塊、中型及小型混凝土砌塊等。

3.預制整體牆板

用于裝配式大板建築的預制整體墻板常見類型有:用于承重墻的玻纖水泥增强平板、預應力混凝土空心墻板、輕骨料混凝土預制墻板等,用作外墻板時多與保温材料制成復合墙壁板;用于非承重墙壁及隔墙的加氣混凝土板、碳化石灰板、石膏板等。

12.4   建築鋼材

鋼材與水泥、玻璃并稱三大基本建設材料,是工程中一種十分重要的建築材料。鋼材是生鐵經過冶煉(氧化、除雜質和脱氧)后澆成鋼錠,再經軋制、鍛壓等加工工藝而制得的。工程中大量使用的鋼材品種包括鋼筋、型鋼、鋼板及鋼管等。

12.4.1   鋼的分類及化學成分

(1)按化學成分不同,鋼可分爲碳素鋼和合金鋼。碳素鋼又稱碳鋼,是含碳量小于2%的鐵碳合金。根據含碳的多少,碳鋼又可分爲低、中、高碳鋼;合金鋼是含一定量合金(即人工添加的硅、錳、鈦、釩、鉻、鎳等元素)的鋼。根據含合金元素的多少,合金鋼也可分爲低、中、合金鋼。

(2)根據冶煉時的脱氧程度,鋼可分爲沸騰鋼、半鎮静鋼和鎮静鋼。相對而言,鎮静鋼質量最好,沸騰鋼質量最差,半鎮静鋼質量介于二者之間。

12.4.2   鋼材的機械性能

1.拉伸性能

在萬能試驗機上對低碳鋼標準試件拉伸,機器可自動繪制出拉力和試件伸長的關系曲綫,據此以應力(σ)爲横坐標,應變(ε)爲縱坐標,可繪出 $\sigma - \varepsilon$ 關系曲綫圖(如圖 12.2)。拉伸過程包括四個階段:

(1)彈性階段(OA 段)

此階段鋼材表現出完全彈性,即拉力産生的變形在拉力消除后可完全恢復,A 點對應的應力稱爲彈性極限,以 σ_p 表示。

(2)屈服階段(AB 段)

應力超過 A 點后,即開始有殘余變形,此時曲綫上下波動,應力變化不大,應變却急劇增長,這種現象稱爲屈服。此階段的最低應力,即 $B_下$ 點對應的應力稱作屈服强度,以 σ_s 表示。鋼材屈服后,雖未斷裂,但産生了很大的塑性變形,已無法正常使用,因此屈服點是鋼材結構設計中強度的取值依據,也是鋼材最重要的技術指標之一。

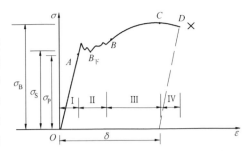

圖 12.2　低碳鋼拉伸 $\sigma - \varepsilon$ 曲綫

(3)強化階段(BC 段)

鋼材屈服后,內部組織結構發生變化,抗變形能力重又提高,曲綫上升至 C 點,此點對應的應力稱爲抗拉强度,以 σ_b 表示。抗拉强度表征鋼材的極限抗拉應力。

(4)頸縮階段(CD 段)

超過 C 點后,試件會出現頸縮現象(試件某部位直徑的急劇減縮)。頸縮后,試件應變迅速增大,應力隨之下降,很快在頸縮部位斷裂。

試件斷裂后量測斷后標距(拉伸前在試件上標注的規定尺寸的綫段稱爲標距),再依下式可計算出試樣的伸長率 δ。δ 值越大,表明鋼的塑性(即變形性)越好。

$$\delta = [(L_1 - L_0)/L_0] \times 100\% \tag{12.5}$$

式中　L_0, L_1——分別表示試件標距的原始長度和試件斷裂后標距的長度,mm。

2.冷彎性能

冷彎性能指鋼材在常溫下承受彎曲變形的能力,也是衡量鋼材塑性的指標之一。將鋼材試件在規定的彎心直徑上彎曲到 180°或 90°,若彎曲面外側不出現裂紋等不合格現象,則冷彎合格。彎心直徑越小,冷彎角度越大,鋼材冷彎性能越好。

3.冲擊韌性

冲擊韌性指鋼材承受冲擊荷載作用而不破壞的能力。重荷載、負溫使用且承受冲擊荷載作用的結構用鋼材,對其冲擊韌性要求較高。

12.4.3　碳素結構鋼和普通低合金鋼

1.碳素結構鋼

碳素結構鋼屬低、中碳鋼。它工藝性能好,成本較低,在建築工程中廣泛應用的有:熱軋鋼筋、鋼板、鋼帶、型鋼等。

碳素結構鋼按屈服强度分爲 Q195、Q215、Q235、Q255 和 Q275 五個牌號。牌號越大,其含碳量越多,强度(包括屈服强度和抗拉强度)、硬度越高,但塑性和韌性越差。牌號 Q235 中的 Q 表示屈服點,235 表示此牌號碳鋼屈服强度的最小允許值是 235 MPa。

各牌號中 Q235 鋼有較高的强度和良好的塑、韌性,且易于加工,故工程中應用廣泛。目前應用最廣泛的鋼筋之一——熱軋光圓筋,即由 Q235 軋制而成。

2.普通低合金鋼

普通低合金鋼是在碳素鋼的基礎上,添加少量的一種或多種合金元素以提高其強度、耐磨、耐腐蝕性或低溫冲擊韌性的鋼材。其屈服強度比碳素結構鋼高 25% ~ 150%。由於強度大大提高,采用普通低合金鋼可大量節約鋼材,減輕構件自重,并能提高結構的耐久性,熱軋帶肋鋼筋均爲普通低合金鋼軋制而得。普通低合金鋼多用于高層、大跨度建築和荷載較大的結構。

普通低合金鋼的鋼號以平均含碳量的萬分數和主要合金元素表示。合金元素的角標表示其平均含量,當平均含量爲 1.5% ~ 2.5% 時,角標爲 2;平均含量爲 2.5% ~ 3.5% 時,角標爲 3,依此類推。平均含量小于 1.5% 時,不標數字。如 $40Si_2MnV$ 表示含碳量爲0.4% 的低合金鋼,含硅 1.5% ~ 2.5%,含錳、釩均小于 1.5%。

12.4.4 常用建築鋼材

1.鋼筋和鋼絲

(1)熱軋鋼筋

熱軋鋼筋是鋼錠經熱軋加工而成,是建築工程中用量最大的鋼材品種。熱軋筋按外形可分爲光圓筋和帶肋筋,按供應形式可分爲盤圓鋼筋和直條鋼筋。熱軋筋的強度分級與機械性能見表 12.5。

表 12.5　熱軋鋼筋的機械性能

表面形狀	鋼筋級別	公稱直徑 a /mm	牌　號	屈服點 σ_s(或 $\sigma_p0.2$) /MPa	抗拉強度 σ_b /MPa	伸長率 δ_5 /%	冷彎性能 180° (d 彎心直徑)
				不小于			
光圓 GB 13013—1991	HPB235	8 ~ 20	Q235	235	370	25	$d = a$
月牙肋 GB 1499—1998	HRB335	6 ~ 25 28 ~ 50	20MnSi	335	490	16	$d = 3a$ $d = 4a$
	HRB400	6 ~ 25 28 ~ 50	20MnSiV 20MnSiNb 20MnTi	400	570	14	$d = 4a$ $d = 5a$
	HRB500	6 ~ 25 28 ~ 50	——	500	630	12	$d = 6a$ $d = 7a$

(2)冷加工鋼筋(絲)

鋼錠或鋼筋在常溫下經過冷加工(如冷軋、冷拔、冷拉)等及時效處理後,屈服點可提高 20% ~ 30%,抗拉強度和硬度也有所提高,但塑性和韌性降低,這個過程稱爲冷加工強化。采用冷加工強化可得到冷加工鋼筋(絲),它主要包括冷拉鋼筋、冷軋帶肋鋼筋、冷軋扭鋼筋、冷拔低碳鋼絲等。

冷拉鋼筋由各級熱軋筋經冷拉而得,分冷拉Ⅰ、Ⅱ、Ⅲ、Ⅳ四個級別。Ⅰ級多用作受拉鋼筋,Ⅱ、Ⅲ、Ⅳ級主要用作預應力筋。

冷軋帶肋鋼筋由熱軋盤圓鋼筋冷軋而得,直徑爲 4 ~ 12 mm,按抗拉強度分爲 LL550、

LL650、LL800 三個級別,它强度高、延性好,錨固性能優良,主要用作中、小型預制預應力構件及現澆板類構件中的受力主筋、箍筋和構造筋。

冷拔低碳鋼絲是由直徑 6.5~8 mm 的Ⅰ級熱軋盤圓鋼筋經冷拔減徑而得。直徑有 3 mm、4 mm、5 mm 三種,按强度分爲甲級和乙級,甲級爲預應力鋼絲,乙級爲非預應力鋼絲。主要用作預應力筋、箍筋及構造筋等。

2.型鋼

型鋼是由鋼錠經熱軋而成的各種截面的鋼材。按截面形狀分爲圓鋼、扁鋼、方鋼、槽鋼、角鋼、工字鋼等,組成各種形式的鋼結構。近年來,薄壁型鋼有很大發展,這種型鋼重量輕,用鋼少,適于作輕型鋼結構的承重構件和用于建築構造上。

3.鋼管

鋼管按制造方法可分爲無縫鋼管和焊接鋼管兩種。無縫鋼管主要用作化工管道、鍋爐管道等壓力管道,建築工程中應用較少;焊接鋼管按表面處理形式分鍍鋅和不鍍鋅兩種。適用作采暖系統及輸送水、煤氣的管道,建築工程中用作施工脚手架、樓梯扶手,也可用于鋼結構。

4.鋼板

鋼板有厚、中、薄板。建築上多用中板,與各種型鋼組成鋼結構。花紋鋼板具有防滑作用,常用作工業建築中的工作平臺板和梯子踏步板;鍍鋅薄板俗稱白鐵皮,用于制作水落管,壓制成波形后,即成瓦楞鐵皮,可用作不保温車間的屋面或圍護;薄鋼板上涂敷塑料薄層,即成涂塑鋼板。涂塑鋼板有良好的防銹、防水、耐腐蝕和裝飾性能,可用作屋面板、墙板、排氣及通風管道等。中夾保温層的復合涂塑鋼板,屬輕型墙材,可用于組裝活動房屋,或作爲輕型鋼結構房屋的圍護材料。

12.5 防水材料

目前工程師中常用的防水材料有瀝青及高分子材料的防水卷材、防水涂料和防水密封材料等。

12.5.1 石油瀝青

石油瀝青是一種有機膠凝材料,由石油經多次提煉后的殘渣加工而成,常温下爲黑色或黑褐色固體、半固體。具有良好的黏結力、防水防腐性能和絶緣性能。

1.石油瀝青主要技術性質

石油瀝青應具有良好的黏滯性(指抗變形能力),其表征指標是針入度。針入度越小、瀝青黏性越大,越接近固態;瀝青還應有良好的塑性(指可產生較大變形而不破壞的能力)、較高的温度穩定性(指黏、塑性受温度影響的程度)以及合格的大氣穩定性(指抗老化性)。

2.石油瀝青的牌號劃分及應用

建築石油瀝青按針入度劃分爲 10 號和 30 號兩個牌號。工程中石油瀝青較少直接用于防水防潮,多用于制作瀝青的各種防水制品。

12.5.2　防水卷材

1.瀝青基防水卷材

(1)瀝青紙胎油氈

瀝青紙胎油氈由浸漬瀝青後的紙胎與瀝青塗蓋層壓制而成。按隔離材料分爲粉氈(如滑石粉隔離)、片氈(如雲母片隔離)。紙胎油氈根據其基胎——原紙的重量劃分爲200號、350號、和500號三個牌號。200號油氈適用于簡易建築防水和臨時性防水及防潮。350號和500號粉氈適用于多層防水的各層,片氈適用于單層防水。由于傳統紙胎卷材存在着耐高溫不佳,低溫柔韌性差,抗撕裂性差,施工不便(多熱作施工),易老化(導致卷材脆性增大,甚至開裂)等缺點,目前紙胎油氈的使用已受到限制。

(2)改性瀝青防水卷材

指以 SBS、APP 或其他高分子類聚合物對石油瀝青進行改性,用玻纖氈、聚酯氈、等代替原紙爲胎體,以砂粒、聚乙烯(PE)膜、金屬箔、彩色礦粒等代替滑石粉爲覆面材料而制成的瀝青基防水卷材。與普通紙胎油氈相比,其主要特點爲:耐高溫性能顯著改善,低溫柔韌性優良,卷材抗撕裂性和延伸率均有明顯提高,施工方法靈活,可冷作業(多采用膠粘劑粘貼),疊層少,其代表性品種爲 SBS 柔性改性瀝青防水卷材。

SBS 柔性改性瀝青防水卷材厚 2 ~ 4 mm,幅寬 1 m,單卷面積爲 7.5 ~ 15 m^2。按其物理力學性能分爲 I 型和 II 型,多用于單層防水。

2.高分子防水片材

以合成橡膠、合成樹脂或它們的共混體系爲材料,加入適量的化學助劑和填充料,經混煉、壓延或擠出成型等工序所制成的無胎或加筋的彈性及塑性片狀防水材料,統稱爲高分子防水片材。與瀝青基防水卷材相比,其優點爲:單層施工,冷作業;耐腐蝕性、耐候性優良,使用壽命長(可達 10 ~ 50 年);拉伸強度高,斷裂伸長率大,抗撕裂性好;高、低溫適應性極佳(可在 - 45 ~ + 120 ℃範圍內施工和使用);易檢漏,易維修。其代表性品種有:三元二丙橡膠卷材(EPDM)、聚氯乙烯卷材(PVC)、氯化聚乙烯卷材(CPE)等。

12.5.3　瀝青膠和冷底子油

1.瀝青膠

瀝膠是瀝青和適量的粉狀或纖維狀的礦質填充料(如滑石粉)摻配而成的膠結材料,俗稱瑪蹄脂。主要用于黏結防水卷材、塗刷防水層及嵌縫、接頭等部位。

瀝青膠有熱用和冷用兩種,熱用膠黏結力好,工程中多用。熱熔瀝青膠根據耐熱度可劃分爲 S - 60、S - 65、S - 70、S - 75、S - 80、S - 85 六個標號。熱熔瀝青膠在粘貼卷材、塗刷面層卷材時,其標號應視使用條件、屋面坡度和當地歷年極端最高氣溫,參照《屋面工程技術規範》GB 50345—2004 的相應規定選擇。

2.冷底子油

冷底子油是瀝青與有機溶劑(汽、柴、煤油等)調制而成的瀝青溶液。它流動性好,便于噴塗,塗刷在水泥、混凝土、木材等材料的表面,能很快滲透到基層,溶劑揮發後,基層表面形成一層瀝青薄膜,能提高瀝青膠與基層之間的黏結力。多在常溫下用于防水層的底層處理。

12.5.4 防水涂料及防水密封材料

防水涂料在混凝土或砂漿基層涂刷后,會形成一定厚度的防水材料薄層。防水涂料一般用于防水層的多道設防,與其他防水材料共同構成防水層。目前,國內用于屋面的防水涂料多爲乳化瀝青類厚質涂料,用于地下室的多爲聚合物水泥復合防水涂料,用于厠浴間的多爲合成高分子類防水涂料。

建築密封材料指填充于建築物的接縫、裂縫、門窗四周、玻璃鑲嵌部位及防水特殊部位,能起到水密、氣密性作用的材料。目前,丙烯酸酯建築密封膏多用于鋁合金門窗周邊及封閉陽臺的密封,也是當前建築上應用最多的密封材料;聚硫密封膏多用于中空玻璃和建築施工縫;聚氨酯密封膏適宜用于大型工程及建築滲漏的處理,如機場跑道、高速公路、體育場館等;硅酮密封膏多用于玻璃及各類材質幕墙的安裝與接縫處理。

12.6　保溫材料

爲了防止建築物和熱工設備(如鍋爐系統、供熱通風管道等)的熱量損失或隔絶外界熱量的傳入(如冷藏庫),所使用的導熱系數不大于 0.23 W/(m·K),表觀密度不大于 600 kg/m³ 的圍護材料,稱爲保溫材料。

工程中保溫材料主要用于屋面和墙面的保溫和熱工設備的表面圍護,能起到減少圍護結構(屋面、墙面)厚度及自重,降低采暖和制冷設施能耗的作用。

12.6.1 保溫材料的作用原理

材料的導熱性能主要用導熱系數(λ)表示,部分常用材料導熱系數見表 12.6。導熱系數小的材料導熱性能差(絶熱性好)。材料的導熱系數取决于材料成分、構造、表觀密度等,也與環境温度、材料含水率、傳熱熱流方向等因素有關。

1.材料構造和表觀密度對導熱性的影響

固體物質的導熱能力要比空氣大得多。表觀密度小的材料(指非金屬材料),孔隙率高則導熱系數小。導熱系數還與材料孔隙大小及特征有關。材料孔隙率相同條件下,孔隙尺寸大,導熱系數一般會增大;孔隙互相連通的材料比孔隙封閉而不相連通的同種材料,導熱系數要大。

2.材料濕度對導熱性的影響

材料受潮后,其導熱系數增大,這對于連通開口孔較多的多孔材料尤其明顯。若材料孔隙中的水凍結成冰,導熱系數會更大。

3.保溫材料的選用

工程中,應根據工程用途、環境特點、圍護結構的構造、施工條件和方法以及導熱材料的特性及經濟等因素,選擇保溫材料。

12.6.2 常用保溫材料

1.石棉及其制品

石棉是蘊藏在岩石中的纖維狀天然礦物。它的主要特點是具有絶熱、耐火、耐酸碱、隔聲等特性,常加工成石棉紙板、石棉氈等制品,因石棉對人體有害,目前已較少采用。

2.礦渣棉、火山岩棉及其制品

礦渣棉是以高爐礦渣爲主要原料,經熔化,用噴吹法或離心法制成的纖維材料。礦渣棉具有質輕、導熱系數小、不燃、防蛀、耐腐蝕、吸聲好等特點。常用瀝青或酚醛樹脂爲膠結劑,制成各種板、氈、管殼等制品。主要技術性能見表12.6。

火山岩棉生産工藝同礦渣棉,主要原料爲玄武岩。應用與礦渣棉相似。

3.玻璃棉及其制品

玻璃棉是玻璃纖維的一種,具有表觀密度小,導熱系數低,耐溫性高等特點。玻璃棉制品的性能見表12.6。

4.膨脹蛭石及其制品

蛭石是一種天然礦物,高溫下煅燒時,體積急劇膨脹(可達5～20倍)。膨脹蛭石保溫效果好,可在1 000～1 100 ℃溫度下使用,不蛀、不腐,但吸水性較大。膨脹蛭石可以是松散狀,鋪設於墻壁、樓板、屋面等間層中,作爲絕熱、隔聲之用(使用時應注意防潮),也可以與水泥、水玻璃等膠凝材料配合,或現澆,或預制成板,用于墻、樓板和屋面板等構件的絕熱。膨脹怪石制品的主要技術性能見表12.6。

表 12.6　幾種典型建築材料和常用保溫材料的保溫性能

材料名稱		表觀密度 /(kg·m^{-3})	導熱系數 /(W·m^{-1}·K^{-1})	抗壓強度 /MPa	使用溫度 /℃
典型材料	普通黏土磚	1 500～1 800	約0.55	7.5～30	——
	黏土空心磚	800～1 400	約0.40	7.5～30	——
	普通混凝土	1 950～2 500	約1.80	10～60	——
	加氣混凝土	400～800	約0.10	1～7.5	——
	花崗岩	2 500～2 800	約2.90	100～200	——
常用保溫材料	瀝青礦渣棉氈	一級100	0.044	≥0.012(抗拉)	≤250
		二級120	0.047	≥0.008(抗拉)	≤250
		130～160	0.048 0～0.052		
	瀝青玻璃棉氈	100	0.041		≤250
	酚醛超細玻璃棉氈	20～40	0.035		≤400
	水泥膨脹珍珠岩制品	300～400	常溫0.085～0.087 低溫0.081～0.120 高溫0.067～0.150	5～10	≤600
	瀝青膨脹珍珠岩制品	400～500	常溫0.070～0.081	7～10	——
	水泥膨脹蛭石制品	300～500	0.076～0.105	0.2～1.0	≤600
	水玻璃膨脹蛭石制品	300～400	0.079～0.084	0.35～0.65	≤900
	聚苯乙烯泡沫塑料	21～51	0.03～0.04	0.14～0.36	-80～+75
	硬質聚氨酯泡沫塑料	30～40	0.037～0.048	≥0.2	——

5.膨脹珍珠岩及其制品

珍珠岩是一種天然的火山熔岩,煅燒時體積膨脹,冷却后形成一種白色或灰白色的顆粒,呈蜂窩泡沫狀,即膨脹珍珠岩。它具有表觀密度小、導熱系數低、低溫絕熱性好、吸聲性好、吸濕性小、無味無毒、不燃、耐腐蝕、施工方便等特點。膨脹珍珠岩制品是膨脹珍珠岩配合適量膠凝材料(水泥、水玻璃、磷酸鹽、瀝青等)經一定工藝制得的一定形狀的板、塊、管殼等制品,廣泛應用于圍護結構、低溫及超低溫保冷設備、熱工設備的絕熱。膨脹珍珠岩制品的主要技術性能見表12.6。

6.泡沫塑料

泡沫塑料是以合成樹脂經一定工藝發泡而制成的高效能絕熱材料。常用品種有聚苯乙烯、聚氨酯、聚氯乙烯等塑料。聚苯乙烯(PS)泡沫塑料吸水性小,耐低溫,耐酸鹼,且有一定的彈性,多用作管道及冷藏設備的保溫;硬質聚氨酯泡沫塑料具有透氣、吸塵、吸油等特點,多用于墻板及屋面板。泡沫塑料的主要技術性能見表12.6。

7.其他常見保溫材料

工程中其他常用保溫材料有泡沫混凝土、加氣混凝土、泡沫玻璃、微孔硅酸鈣制品、軟木板、木絲板、鈣塑絕熱板、高膨脹發泡膠、毛氈、保溫涂料等。

8.保溫復合牆板

將保溫材料(如泡沫塑料、岩棉、礦渣棉制品)與配筋水泥砂漿或玻纖水泥墙板、混凝土空心墙板復合加工成保溫復合墙板,可降低墙體厚度及自重,提高施工效率,保溫層也受到較好保護,其典型品種有輕質隔熱夾芯板等。

12.7　塑料建材

塑料建材包括塑料門窗、塑料管材、塑料裝飾裝修材料等品種。其突出特點是節能效益十分顯著,表現在節約生産能耗和使用能耗兩個方面。例如,采暖地區采用塑料窗替代普通金屬鋼窗,可節約建築采暖能耗30%~50%。

12.7.1　塑料

塑料是以合成樹脂爲主要成分,并摻入適量的助劑,在一定溫度下加壓成型所得的産品。它具有質輕、高强、耐水、耐腐蝕等特點。建築工程常用塑料包括聚乙烯(PE)、聚氯乙烯(PVC)、聚丙烯(PP)、聚苯乙烯(PS)、酚醛塑料(PF)、脲醛塑料(UF)、ABS工程塑料等。

12.7.2　主要塑料建材

1.塑料門窗

多用聚氯乙烯(PVC)型材生産。具有熱阻大,密封性好,使用及生産能耗低,耐腐蝕,隔聲性能好,重量輕,工藝性能好(無需油漆),阻燃等優點。

2.塑料管材

建築用塑料管材有許多優點,如重量輕,抗冲擊及抗拉强度高,彈性模量小,表面光潔度高,摩擦系數小,可降低輸送能耗5%以上(因而同樣流量條件下,用塑料管可降低管徑20%),耐蝕性好(壽命長達30~50年),運輸安裝簡便,即節省工時又可大大降低工程造價等。目前已廣泛應用于建築給排水、排污、通訊電綫電纜、采暖、燃氣等場合。常用品種有：

(1)硬質聚氯乙烯(UPVC)管材

用作建築給排水管、埋地管、電工套管等，是當前塑料管材的主導産品。

(2)無規共聚聚丙烯(PP－R)管材

與傳統的鍍鋅鋼管、不銹鋼管、銅管相比，具有不生銹、衛生無毒、耐高温高壓、抗老化、耐腐蝕、施工便捷、熱熔連接不易滲漏、保温隔熱、使用壽命長等特點，被列爲國家化學建材産品重點推廣品種之一。可用作給水用冷熱水管、采暖用管、液體輸送用管。

(3)高密度聚乙烯(HDPE)管材

用于建築給水。

(4)交聯聚乙烯(PEX)管材

此管具有比高密度聚乙烯(HDPE)管材更良好的應力－應變性能，可在高温下長期經受水壓而不破壞，也被列爲國家化學建材産品重點推廣品種之一。但目前此管存在熱熔施工難；連接密封難的問題，影響其大面積推廣使用。

(5)鋁塑復合(PE－AL－PE)管材

此管采用金屬與塑料復合的形式，中間鋁合金層是管道的骨架，内外層是聚乙烯。它具有優良的機械性能，耐壓能力高，適合各類氣、液體的輸送，使用温度範圍廣(－40～＋110 ℃)。現已廣泛用作自來水冷熱水管及煤氣、天然氣、暖氣管道，還可用于電綫(纜)穿綫、工業輸送油料、飲料及化工廠輸送液體等場合，是我國目前産量及用量最大的新型管材，被譽爲"緑色管道"。

復習思考題

1. 下列混凝土工程應優先選用何種通用水泥？

(1)搶修工程；(2)海岸工程；(3)水利堤壩工程；(4)高强工程；(5)高温窑爐基礎；(6)地面(路面)工程。

2. 工程中可以采取哪些可行措施來提高現澆混凝土的强度及耐久性能？

3. 爲保證砌築砂漿拌和后的質量，應選擇滿足何種要求的砂漿原材料？

4. 用于替代燒結黏土實心磚的新型墻體材料及承重體系有哪些？它們各有何特點？

5. 當前工程中用于建築屋面防水的主要防水材料(制品)有哪幾類？它們各使用于哪種情況下的屋面防水？

6. 熱軋鋼筋按軋制外形分爲幾類？按其力學性能分爲哪幾級？各級鋼筋有何特點？分别適用于什么場合？

參 考 文 獻

[1] 李禎祥.房屋建築學[M].北京:中國建築工業出版社,1995.

[2] 霍加禄.建築概論[M].北京:中國建築工業出版社,1996.

[3] 顔金樵.工程制圖[M].北京:高等教育出版社,1998.

[4] 陳登鰲.建築設計資料集[M].2 版.北京:中國建築工業出版社,1994.

[5] GB 50345—2004 房屋工程技術規範[S].北京:中國建築工業出版社,2004.

[6] GB 50096—1999 住宅設計規範(2003 年版)[S].北京:中國建築工業出版社,2003.

[7] GB 50352—2005 民用建築設計通則[S].北京:中國建築工業出版社,2005.

[8] GB 50016—2006 建築設計防火規範[S].北京:中國計劃出版社,2006.

[9] GB 50045—1995 高層民用建築設計防火規範(2005 年版)[S].北京:中國計劃出版社,2005.

[10] JGJ 50—88 方便殘疾人使用的城市道路和建築物設計規範[S].北京:中國建築工業出版社,1988.

[11] JGJ 26—95 民用建築節能設計標準(采暖居住建築部分)[S].北京:中國建築工業出版社,1995.

[12] 姜麗榮,崔艷秋,柳鋒.建築概論[M].北京:中國建築工業出版社,2001.

[13] 楊永祥,趙素芳.建築概論[M].北京:中國建築工業出版社,1994.

[14] 舒秋華.房屋建築學[M].武漢:武漢工業大學出版社,1998.

[15] 李必瑜.建築構造[M].北京:中國建築工業出版社,1998.

[16] 楊金鐸,房志勇.房屋建築構造[M].北京:中國建材工業出版社,2000.

[17] 劉祥順.建築材料[M].北京:中國建築工業出版社,1997.

[18] 焦志鵬.建築概論[M].哈爾濱:哈爾濱工業大學出版社,2002.

國家圖書館出版品預行編目(CIP)資料

建築概論 / 郭呈周, 焦志鵬著. -- 初版.
-- 臺北市 : 崧燁文化, 2018.04

　　面 ;　　公分

ISBN 978-957-9339-92-6(平裝)

1.建築

441.3　　　　107006819

作者：郭呈周　焦志鵬

發行人：黃振庭

出版者　：崧燁出版事業有限公司

發行者　：崧燁文化事業有限公司

E-mail：sonbookservice@gmail.com

粉絲頁　　　　　　　　網址:http://sonbook.net

地址：台北市中正區重慶南路一段六十一號八樓815室

8F.-815, No.61, Sec. 1, Chongqing S. Rd., Zhongzheng

Dist., Taipei City 100, Taiwan (R.O.C.)

電　話：(02)2370-3310 傳　真：(02) 2370-3210

總經銷：紅螞蟻圖書有限公司

地址：台北市內湖區舊宗路二段 121 巷 19 號

電話:02-2795-3656　　傳真:02-2795-4100　網址：

印　刷：京峯彩色印刷有限公司（京峰數位）

定價：300 元

發行日期：2018 年 4 月第一版

獨家贈品

親愛的讀者歡迎您選購到您喜愛的書,為了感謝您,我們提供了一份禮品,爽讀 app 的電子書無償使用三個月,近萬本書免費提供您享受閱讀的樂趣。

ios 系統

安卓系統

讀者贈品

請先依照自己的手機型號掃描安裝 APP 註冊,再掃描「讀者贈品」,複製優惠碼至 APP 內兌換

優惠碼(兌換期限2025/12/30)
READERKUTRA86NWK

爽讀 APP

📖 多元書種、萬卷書籍,電子書飽讀服務引領閱讀新浪潮!

🎧 AI 語音助您閱讀,萬本好書任您挑選

🔍 領取限時優惠碼,三個月沉浸在書海中

🔔 固定月費無限暢讀,輕鬆打造專屬閱讀時光

不用留下個人資料,只需行動電話認證,不會有任何騷擾或詐騙電話。